ごみ収集とまちづくり

――清掃の現場から考える地方自治――

藤井誠一郎

朝日新聞出版

目次

第3章　行政改革と今後の清掃事業　59

第4章　コロナと清掃行政

第7章　住民参加と協働による繁華街の美化　165

図表作成／谷口正孝
肩書きや役職等は調査当時のものである。

ごみ収集とまちづくり

——清掃の現場から考える地方自治——

藤井誠一郎

はじめに

2020年4月7日、新型コロナウイルスの蔓延（まんえん）により緊急事態宣言が発出され、都道府県知事からの外出自粛要請がなされ社会全体の流れが一変してしまった。そのような中、新型コロナウイルスの感染者のいる施設や住居から排出されるごみを収集する清掃従事者は、医療・福祉関係者等とともに「エッセンシャル・ワーカー」であると言われ始め、世間的に注目されていった。とりわけ当初の緊急事態宣言下でのごみ収集については、その危険性が強調されて広く報道されたため、コロナウイルスに対峙しながら作業を行う清掃従事者への感謝状がごみ袋に貼られるようになり、これまではどちらかと言えば日陰であった清掃事業は一躍表舞台に現れるようになった。

しかし、世間的に話題となったのは、コロナ禍において活躍する清掃従事者というところまでであった。私たちが衛生的な生活をおくる上で必要不可欠な清掃事業をいかに維持し安定的にサービスを提供していくのかといった議論までには発展していかなかった。初回の緊急事態宣言の解除とともにそれまでの体制で緊急事態を乗り越えたような雰囲気となり、住民からのごみ袋に貼られた感謝状もそれほど見られなくなり、清掃事業への住民の意識や関心はコロナ禍以前の状況に戻ってしまったように思える。2021年1月に2度目、4月に3度目、7月に4度目の緊急事態宣言が発出されたが、初回時のように清掃事業が大きく取り上げられることはなかった。

このような状況において筆者が考える、本書を通じて達成したい目的は、今後到来するであろうポストコロナ社会において、多くの住民に清掃事業への参加を促していきたいということである。清掃事業への住民参加は様々な面に見られ、主にはごみの削減、分別の徹底、リサイクルの推進、町内又は街の美化活動等が挙げられようが、とりわけ自らの地方自治体の今後の清掃サービスのあり方や提供体制についての議論が住民サイドから起こり、その議論が深まり、あるべき清掃事業の形が展望されていくことを期待したい。というのは、昨今の自然災害や今般のコロナウイルスの感染拡大により、清掃サービスのあり方自体が大きく問われようとしているため、住民が自らの地方自治体の清掃事業をいかに維持していくのかについて思考を巡らせ、学習を重ね、そのあり方を展望していくような自治が展開されていくことが必要不可欠となっていると思うからである。

そのためには、まずは現状を知ることから始めなければならない。しかし、自らの地方自治体の清掃事業を最初から調べるとなると、かなりの労力が伴い、情報へのアクセスも難しいためハードルは高くなる。よってそのための一助として本書や後述の筆者の前著を役立てて頂き、それらの内容をもとに類推し、自らの地方自治体の清掃事業の実態を知る一助にして頂ければと思っている。

ところで、筆者が清掃の現場に身を投じるようになったのは、2016年6月からである。筆者は45歳となった2015年に転職し研究者（大学教員）の道を歩むようになったのであるが、それと同時に全日本自治団体労働組合（自治労）の「次世代を担う研究者」に選定され、それが契機となり東京都新宿区の清掃の現場に入れて頂けるようになった。この清掃現場での経験以来、自らの研究の1分野として清掃行政を位置づけるようになった。それまで清掃行政に大きな問題意識を持っていたかというとそうではなかったが、大学院の時に衝撃を受けた早稲田大学の故寄本勝美（よりもとかつみ）先生の研究の影響によりいつか見てみたい行政と思っていたので、絶好の機会と思い飛び込んでいった。そして、現場を知り少しずつ清掃行政の実態が見えてくるにつれ、その奥深さに惹きこまれてしまった。そしてそれまで現場で学んだことをまとめる形で、2018年に『ごみ収集という仕事—清掃車に乗って考えた地方自治—』（コモンズ）を上梓した。この前著を通じて筆者は、社会からそれほど見向きもされず中には見下す人もいるなかで、誇りやプライドや情熱を持ちながら黙々と仕事をされている清掃従事者がいることや、このような人々がいるがゆえ私たちの生活が成り立っていることをしっかりと世に伝えたかった。

また、そのような清掃従事者の思いにもかかわらず地方自治体の行政改革の一環として、清掃職員の削減による民間への委託化が推進されており、この状況を伝えていくことで一人でも多くの人に身近な公共サービスである清掃行政のあり方や、行政組織の運営について考えて頂きたく、そのきっかけを提供したいと思っていた。

前著では、これまでベールに包まれた状態にあった清掃の現場をなるべく詳細に描き、そこでどのような人が働いているか、どのような業務が展開されているか、さらにはそこで働く人々は何を考えながら仕事に勤しんでいるのか、どのような業務が展開されているか、さらにはそこで働く人々は何を考えながら仕事に勤しんでいるのかを述べた。それにより、身近な清掃行政の仕組みを把握し、どのような形で業務が流れていくのか、現在何が問題となっているのかへの理解を深めることの一助となったと思われる。しかし、清掃行政はもっと奥深く、前著での到達点はそのスタートラインに立ったに過ぎないという程度のものであったと理解している。

それに対して本書では、清掃事業の入口からもう一歩中に踏み込んで視野を広げ清掃事業の奥深さを伝えるとともに、体系的に清掃事業を把握するためのツールを提供していきたい。前著の流れを引き継ぎ、誇りを持ってごみ収集の現場で活躍している方々の様子（第1章、第2章）、それにもかかわらず進められていく人員削減の状況（第3章）、コロナ禍での清掃行政の実態（第4章）、清掃職員への感謝の意が伝えられる一方でこれまで詳しく伝えられてこなかった清掃差別（第5章）、男性職場における女性の活躍（第6章）、住民と行政の協働による繁華街の美化（第7章）、さらには産業廃棄物業界の概要とそこで推進されているDX（デジタルトランスフォーメーション）（第8章）までにも視野を広げ、筆者がこれまでの調査で知り得たことを全て本書にて伝えていこうと思う。それにより、読者の皆さんが自らの地方自治体の清掃事業の実態を把握し、あるべき姿を考える一助にして頂ければ幸いである。

本書を通じて、私たちにとって必要不可欠な清掃事業へのいっそう深い理解が進み、自分ごととして受け止めてもらえるような一定の知見を提供できればと考えている。それにより現場目線からの地方自治が発展していくことを願ってやまない。

第1章　大都市の清掃事業

東京都北区と清掃事業の概要

東京都北区は、東京23区の北部にあり、荒川区、足立区、板橋区、文京区、豊島区と接し、面積は20・61㎢（23区中11番目）、人口約35万人、世帯数は約20万世帯の地方自治体である。京浜東北線、山手線、埼京線、東北本線、東京メトロ南北線、都電荒川線が通り、都心部へのアクセスは約15分程度と利便性が良い地域である。

北区は大きくは赤羽地区、王子地区、滝野川地区に分かれ、北区清掃事務所（以下、王子庁舎）と滝野川清掃庁舎（以下、滝野川庁舎）の2拠点と、浮間清掃事業所分室（以下、浮間分室）を設置し清掃サービスが執り行われている。滝野川地区は滝野川庁舎により、赤羽地区と王子地区は王子庁舎と浮間分室により、家庭から排出されたごみを収集し、区内にある北清掃工場（以下、北工（きたこう））をはじめとする近隣の清掃工場に運搬する作業を行っている。[1]

北区を縦断する京浜東北線を境に西側は、戦争での空襲を免れたものの、そのため区画整備がなされてこなかったため、清掃車が入れない狭小路地が多い。一方、赤羽地区や王子地区には大規模な集合住宅や大型マンションが多い。よって、滝野川庁舎と王子庁舎・浮間分室では収集形態も相違し、前者では小型プレス車[2]（以下、小プ）、小型特殊車[3]（以下、小特）、軽小型ダンプ車（以下、軽ダン）を用いた収集が行われ、後者では前者とともに大型・中型の清掃車での収集が主流となっている。

2020年4月1日現在、王子庁舎・滝野川庁舎・浮間分室には清掃職員は127人、事務職は21人、合計148人が配属されている。清掃職員の中には基本的に内勤の監督職となる統括技能長[4]と技能長の合計19人が含まれるため、現場での作業に就く職員は108名となる。これに会計年度任用職員が加わり業務を委託する清掃会社も利用[5]しながら日々の収集作業が行われている。

清掃サービス提供体制とごみの流れ

筆者は滝野川庁舎にて週1回清掃体験をさせてもらった。2020年11月から始め、年始の3日間の作業も経験し2021年3月末まで体験させて頂いた。後ほど清掃現場の実態を述べるが、その前提として滝野川庁舎での清掃実施体制とごみの流れについて述べておく。

メインストリームとなる可燃ごみの収集には6台の小プ、3台の小特、10台の軽ダンを稼働させ、各戸あたり週2回の収集を行っている。収集作業で主要な機材となる小プと小特は全て雇上車であり、清掃会社から送り込まれてくる清掃車に清掃職員が2名乗務して作業を行っている。また、狭小路地の収集対策として10台の軽ダンが稼働しており、そのうち4台は清掃職員2名（運転手と作業員）が乗務し、残り6台は車付雇上の2名での収集となっている。ちなみに、滝野川庁舎での車付雇上の導入は当該6台のみであり、メインストリームとなる可燃ごみの小プや小特での収集（これを「本番」という）には清掃職員が就き、業務をしっかりと把握する体制がとられている。収集された可燃ごみは清掃工場に運搬され中間処理（焼却）が施される。その後は東京湾の埋め立て地に運ばれ埋立処分されるか、セメントの材料またはスラグとして有効利用されている。

次に、不燃ごみについては、4台の雇上の軽ダンにそれぞれ清掃職員1名が乗務し、各戸あたり月2回の収集を行っている。以前は収集した不燃ごみを北区の堀船船舶中継所まで運搬し、そこから船で中央防波堤の処理施設に運搬していたが、中央防波堤埋立地での五輪会場の整備などもあり、足立区にある民間の廃棄物業者の資源化中間処理施設に搬入するようになった。[6]そこでは搬入した不燃ごみを手選別で分別した後、溶融機、破砕機、圧縮機などにかけて資源化を行っている。

最後に、古紙、びん・缶・ペットボトル等の資源については、清掃業者に業務委託して収集

図表1-1　ごみ処理の主な流れ(2019年10月現在)

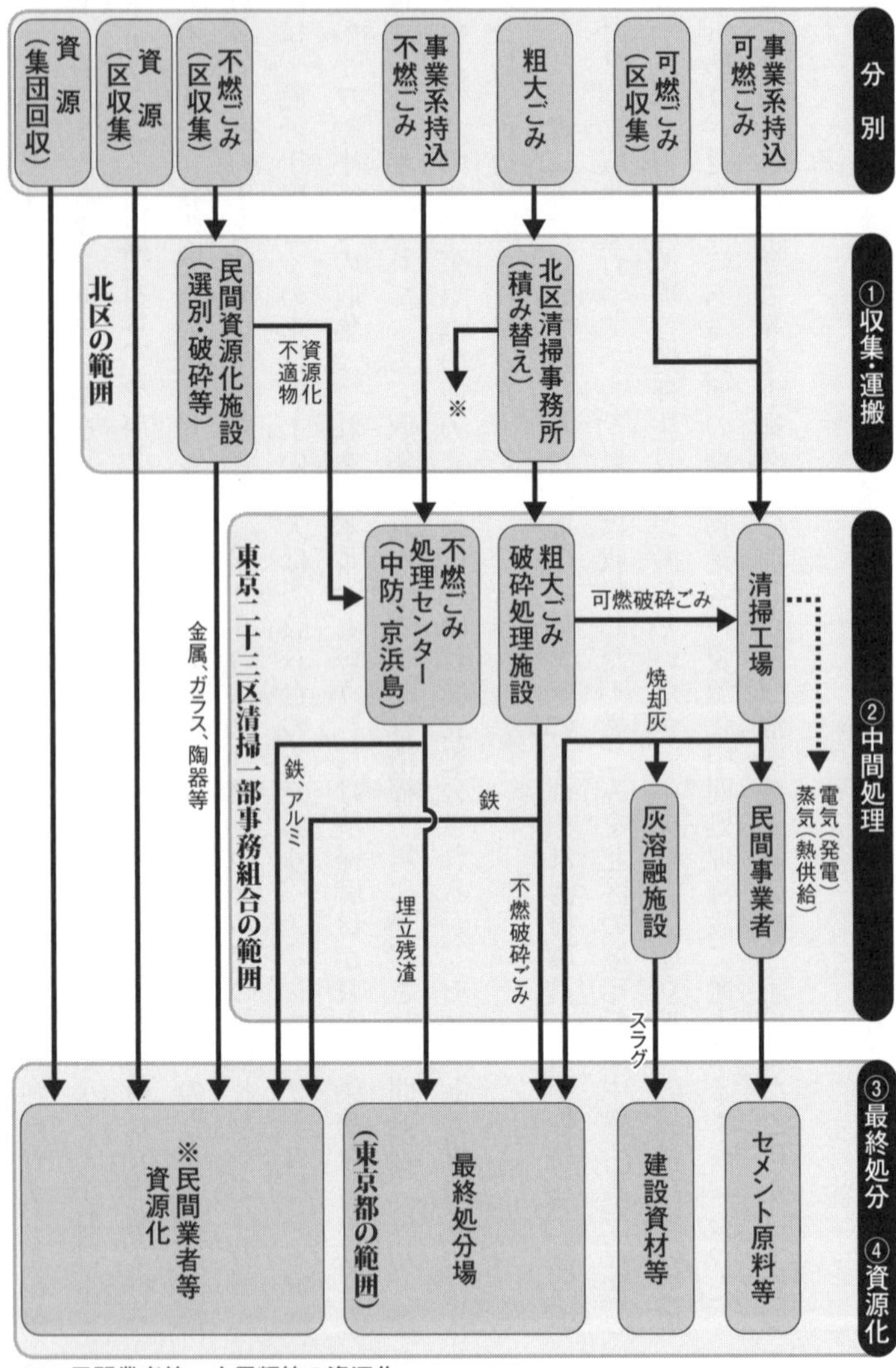

※：民間業者等　金属類等の資源化

出典：東京都北区生活環境部リサイクル清掃課（2020: 資 -16）

を行っている。北区では1991年からリサイクル清掃課を立ち上げ、区の独自政策としてびん・缶・ペットボトルの収集を始めていた。当時清掃事業を担っていた東京都が1997年から「資源回収モデル事業」としてそれらの収集を始めたが、北区ではそれに先立ち区として積極的に資源回収に取り組んでいた経緯がある。なお、この資源収集のうち古紙については戸別収集を行っているが、びん・缶・ペットボトルについては行われておらず、住居付近に設置される集積所に排出してもらい、それを業者が収集する形で収集サービスが提供されている。

滝野川庁舎管轄エリアで実践される戸別収集

滝野川庁舎での収集サービスの一番の特徴といえば、戸建住宅向けに実施している戸別収集[7]である。収集の効率を考えると、近所同士でごみの排出場所を決めてもらい、その集積所に出されたごみを収集して回る集積所収集の方が、手数が少なく時間も短時間となり収集者の手間は省ける。しかし、滝野川庁舎の管轄エリアでは以下の経緯から戸別収集サービスが提供されている。すなわち、2000年頃から分別の不徹底、不法投棄、カラスの被害等に対する有効な手段を検討していた。また、滝野川管内の一部地域でごみ集積所が対象とされた連続放火が発生したため、消防署や自治会から放火防止への対応要望があり、検討を進めた結果、解決策として考案されたのが戸別収集への切り替えであった。その後1年がかりで戸別収集エリアを拡大していき、現在では滝野川庁舎の管轄区域全域で戸別収集が行われるようになっている。

ここで注意すべきは、この戸別収集が滝野川庁舎の管轄内のみで行われる取り組みとして位置づけられている点である。戸別収集の導入時は、東京23区で初めての収集サービスとして注目を集めたが、人員や機材のやり繰りの都合上、北区の政策として区全域での取り組みとはならなかった。よって戸別収集は滝野川庁舎管轄内での局所的な取り組みとなり、王子庁舎の管轄エリアでは行われない形となった。このような庁舎ごとの独自の取り組みが存在するのは、清掃事業が東京都の所管であった時には滝野川庁舎と王子庁舎は別組織であったからであり、２０００年の清掃事業の区移管後に両庁舎は北区の組織として統合されたものの、庁舎ごとの独自性はそのまま維持されたからである。

一方で、後に滝野川庁舎の取り組みを参考にして、品川区と台東区では戸別収集を区の政策として採り入れ、２００5年に品川区の全域で、２０１6年には台東区の全域で実践されるようになっていった。よって、23区内で戸別収集をしている区として整理するならば、北区は該当せず、特定の地区のみで導入されている取り組みという位置づけになる。

清掃職員の一日

後ほど清掃の現場作業について述べるが、その前にごみ収集の現場がどのように動いているかを紹介する。筆者が体験した滝野川庁舎での一日を紹介するので、収集業務がどのような流れで行われているのかを摑んで頂きたい。

清掃の朝は早い。7時40分が始業時間ではあるが、7時前から事務所に到着している清掃職員もいる。中には遠方から始発電車で2時間近くかけて通勤してくる者もいる。その中で最も早く事務所に来ているのが技能長のH氏であり、5時30分には到着しているという。

始業前の時間の使い方は人それぞれである。当日割り当てられた地区をどのように収集すれば効率良く回れるかを真剣な眼差しで地図を見ながら検討している者、朝食を摂っている者、昨日の作業着の洗濯をしている者、当日指示される収集ルート上の注意事項（工事関係、住民対応等）を念入りに確認し仲間と下打ち合わせを行っている者等、それぞれの時間を過ごしている。

筆者は7時20分を目途に滝野川庁舎に入ることを心掛けていた。6時前に起床し、6時20分に家を出て、都営地下鉄とJR山手線を乗り継いで7時10分頃にJR田端駅に到着する。早朝にもかかわらず通勤客は多く、大都会の通勤事情の酷さを感じながら改札を出る。田端駅からはJR東日本の東京支社や新幹線の車両基地を左手に見ながら滝野川庁舎への道を急ぎ、10分程度で清掃庁舎に到着する。

入口の消毒液を手に馴染ませながら1階にある事務室に向かい、係長（事務職）、統括技能長（技能職）、技能長（技能職）に挨拶し、ロッカーの鍵を取り当日の作業用のマスクを頂き、2階の更衣室へと急ぐ。着替えが終わり次第3階の会議室（詰所）に行き、職員配置表で当日の担当業務を確認する。筆者は調査ということもあり、滝野川庁舎の管轄現場を一通り見させて頂けるように配慮してもらっていたため、毎回担当させて頂く現場が変わり、一緒に仕事をする清掃職員の方も変わる。当日一緒に仕事をする職員の方に挨拶し、空いている席に座り始業を待つ。

7時40分になると始業のチャイムが鳴り、作業グループごとの打ち合わせを始める。当日行われる工事箇所の確認、迂回（うかい）ルートの確認等を行っていく。その後7時50分になると係長、統括技能長、技能長らが前に立ち、朝礼が始まる。事務連絡、収集地区で行われる工事の情報、清掃工場のオーバーホール（定期検査による休炉）の情報等、当日の作業で注意しなければならない点が伝えられる。その後は作業ブロックに分かれ、主任の清掃職員から当日の作業の注意事項が伝えられ、変則的な対応を迫られる際に収集漏れが起こらぬよう対策の周知徹底が図られていく。

8時になると腰痛予防体操のアナウンスとともに音楽が流れ始める。腰痛予防体操は、東京都が清掃行政を担っていた時に清掃従事者のために創られた体操であり、他区でも同じメロディーに合わせて体操が行われている。滝野川庁舎の敷地内には清掃車が入り十分なスペースがないため、他区で実施されているように円陣になった体操はできない。各自がスペースを見つけ、音楽に合わせて体操をしなければならない。滝野川庁舎の前には公園がありそこで体操ができそうだが、近所に配慮し狭い敷地内で体操せざるを得なくなっている。

体操は5分程度で終わり、その後割り当てられた収集現場へと向かっていく。詳しくは後述するが、大きく分けて、可燃ごみの収集、不燃ごみの収集、清掃指導、といった業務に清掃職員は従事する。とりわけ可燃ごみの収集については、滝野川庁舎では、収集のメインストリームとなる小プや小特は全て清掃業者から配車を受ける雇上車であり、委託先の運転手が運転する車に清掃職員が乗務して作業を行う形で進められていく。滝野川庁舎の管轄エリアには戦争の空襲を免れ区画整備がなされていない地区が多いため狭小路地が多く残り、小プや小特では収集が難しい場所もある。そこへの対策として、軽ダンが10台配備され、狭小路地での収集に活用されている。

清掃職員は担当するそれぞれの持ち場で収集作業を行うが、小プと小特の場合は午前中は3台分の積み込み、午後は2台分の積み込みが割り当てられている。北区には北工があり、隣の豊島区の豊島清掃工場（通称：豊島）も近いため、基本的に作業現場でごみを積み込んだ後はすぐに清掃工場に運び込む「シングル作業」[8]の形をとっている。清掃工場への運搬の間は作業員も清掃車に乗務するため束の間の休憩をとることができる。清掃工場に到着すると、収集したごみを計量し、指定されたゲートからごみをごみバンカに落とし込み、再度収集現場に向かっていく。

午前の3台目が積み終わると午前の作業は終了となる。割り当てられた清掃工場へごみの搬入に向かう前に作業員を滝野川庁舎に降ろしにいく。日により排出されるごみの量が相違するため若干の前後はあるが、11時25分が午前の収集作業の終了時刻となる。通常はその時間までに清掃庁舎に戻って来られるように作業が割り振られている。戻るとうがいを行い、手を消毒し、作業日誌に午前中の作業の状況、すなわち、何時にどの工場にごみを搬入したか、午前の作業終了時刻、午後の出発時刻を記入し、その後、昼休憩をとる。なお、清掃車(雇上車)の運転手は清掃職員を降ろした後、清掃工場に向かい、ごみを降ろした後、清掃工場内に駐車して昼休憩をとる。これは滝野川庁舎周辺では休憩できる駐車スペースがないためである。

11時30分から12時30分が昼休憩時間である。3階の会議室で昼食を摂り、その後は空いている席を見つけて椅子に横になり仮眠をとる。起きている職員もいるが、朝が早く午前中の作業で疲れるため、どちらかといえば仮眠をとる清掃職員の方が多い。筆者も10分か15分程度、長椅子に横になり仮眠をとっている。仮眠をとると午後からの体の動きが良いと感じる。

12時30分から午後の作業が始まり、必要な場合には出発前にミーティングが行われる。現場に向けての出庫は、近隣への迷惑や滝野川庁舎内での清掃車両の混雑を避けるため、向かう地区ごとに5分刻みに出発時間が決められており、12時40分から13時10分にかけて清掃車がほぼ正確な時間に清掃庁舎に清掃職員を迎えに来、それに乗車して現場へと向かっていく。

午後からは2台分のごみを積み込む。午後の作業は午前に比べ幾分か収集する量が少なめに設定されており、午前中と比べて少し軽めの作業に感じる。これは、日によって一時的に特定箇所のごみが増加する場合もあるため、小プや小特の作業はなるべく午前中の作業割合を多く設定しておき、ごみを取りきれない現場の応援に柔軟に入れるように体制を構築しているからである。

5台目にごみを積み終えると滝野川庁舎に向かい、軽ダンが狭小路地の住宅から収集し庁舎の裏庭に仮置きしたごみを可能な限り積み込んでいく。清掃車のタンクがいっぱいになれば、清掃車は清掃工場に向けて出発していく。清掃職員は清掃車の運転手にお礼を述べて送り出し、14時40分を目途に一日の収集作業を終えていく。なお、裏庭に仮置きされたごみは、現場から到着する小プや小特に順次分けて積み込まれ、無くなるまで到着する清掃車への積み込みを続けていく。

滝野川庁舎に戻った職員は、収集し忘れや取り残しへの対応のため、3階の会議室で待機する。住民からの取り残しの連絡が入ればすぐにでも出ていける体制をとる。中には、収集後に出したにもかかわらず収集漏れを主張する住民もいるため、連絡があってもすぐに対応するわけではない。電話を受けた技能長が清掃職員に状況を確認しながら、行政側に非がある場合にのみ対応する。

15時25分になると洗身（入浴）が始まる。2階の更衣室の横にある洗身室で一日の汚れを落とす。一度に全員が入れないため、状況を見て空いた頃を見計らい順次洗身を行っていく。筆者もそうだったのであるが、染みついた臭いを落とすために念入りにボディーソープで洗身していく清掃職員が多い。それと並行するように、自らの作業着を洗濯機で洗濯する。滝野川庁舎に設置されている合計6台の洗濯機の空いている時を見計らい洗濯して乾燥機にかける。洗身が終わると退庁時間である16時25分が近づいてくる。身支度をして退庁への準備を進めていく。大方の清掃職員は数分前から入口付近に集まりはじめ、チャイムと同時に一斉に退庁していく。筆者は清掃職員の皆さんが退庁していく姿を見届け、鍵を1階の事務室に置きに行き、係長や統括技能長に挨拶して退庁している。

以上のような流れにより一日が終わっていく。日々の仕事は単調に思えるかもしれないが、現場では毎日のように想像もできないような出来事が起こるため、絶えず変化に対応していく仕事となっている。詰所での清掃職員の会話からは、当日の作業で生じた珍事やこぼれ話が尽きない。清掃現場を体験していると、一日がすぐに終わるように感じる。基本的に屋外での仕事であるため四季を感じながら作業を行い、大変健康的な職業でもあるとも思える。仲間と共に汗を流し、協力しながら街をきれいにしていく仕事は、非常にやりがいがあり尊い仕事であると思える。

事故の発生の防止に向けた安全教育の徹底

どの仕事に就く場合でも、初めは手解き（てほど）や研修を受けるものである。ごみ収集の場合も然り（しか）であり、北区ではたとえこれまでに何らかの清掃作業経験があったとしても、清掃業務に就く場合は、区が用意した1日がかりの安全作業研修の受講が義務づけられている。具体的には、勤務態度についての注意、作業服の着用の説明、安全作業ビデオの視聴に始まり、実車での演習（清掃車〈小プ、小特〉の乗車・降車方法、スライドカバーの開閉方法、バック誘導、積み込み方法、回転板やプレス機の操作ボタンの操作方法、回転板の止め方）に至るまで、1日がかりで研修が行われる。これは収集の現場でなるべく事故が起きぬよう、清掃職員にしっかりと作業手順を理解させてから現場に出すためであり、区としての日々の安全追求の表れでもある。

筆者も北区での作業の前に新規の会計年度任用職員の方と共に研修を受けた。「収集作業はごみを積み込むだけ」と思われるかもしれないが、そこには数々の危険が存在するため、作業に取り掛かる前にはしっかりと安全教育が行われる。このような教育が行われる背後には、質の高い清掃サービスへの追求がある。ここではそのうちのいくつかを紹介しよう。

最初は座学にて、心得の徹底がなされ、公務災害を減らすための安全作業のビデオを視聴する。その後は研修の講師（技能長）から北区での勤務態度について細部にわたる説明がある。服装については、制服の着用はもちろん、ボタンをしっかりと留め、腕まくり等もしてはならない。これは夏の暑い時も同様で、作業中に切り傷を負わないように身を守るためであり、必ず長袖の制服を着用して作業を行うように定められている。また、ヘルメット（運転手は帽子）の着用も義務づけられている。これは、東京都が清掃事業を所管していた時代に粗大ごみの収集時に作業員が荷台から落ちて死亡した事故が2件発生したため、ヘルメットの着用が義務づけられるようになったためである。地方自治体の中にはヘルメットを着用しないところもあるが、北区では徹底させている。それは、マンションやアパート等に設置されているストッカー内のごみの取り出し時にはストッカー内に上半身を入れて奥のごみを取り出すが、その際にストッカーの蓋が閉まり頭に当たることが多々あり、その他にも収集において低い壁や天井で頭を打つこともあるからである。筆者は作業においてヘルメットのおかげで頭に切り傷を負わずに済んだ。保護帽の着用は大変有用である。

後半は清掃車を利用した実習となる。まずは清掃車への乗り方を教わる。周りの安全に気をつけてスライドドアを開け、ステップに足をかけてグリップを握りながら乗降する。これは足首が捻挫する事故を防止するためである。次に、清掃車のバック誘導を教わる。清掃車の誘導時に轢（ひ）かれたり壁に挟まったりして致命傷を負わぬよう、運転手がミラーで作業員を確認できるように車両の右側後方に立ち、周囲の安全を確認しながら大きな声で「オーライ」と発声して誘導する。バック中に歩行者や自転車が入ってくる場合は、先にそれらを通し、安全が確保できてから再開する。大きな声を出しながら行うが、運転手に聞こえるように通る声を出すのはなかなか難しく、何度も実習すると喉が枯れるようであった。

清掃車への乗り降りを教わる様子

次に、清掃車の投入口（以下、バケット）へのごみの積み込み方と、それらをタンクへ押し込むためのボタン操作や緊急停止操作を教わる。とりわけ、タンクへの押し込みには危険が多く存在し、これまでにもプレス機や回転板に腕を持っていかれた、バランスを崩して転倒し体ごと巻き込まれ死亡した、といった重大な事故も起きているため、作動時の緊急停止方法や緊急停止バーの操作方法を入念に学ぶ。とりわけ緊急停止ボタンはバケットの両側と下部に設置されており、バケット下部の緊急停止バーは足で蹴り上げれば停止できるようになっている。複数箇所に停止装置を設置しているのは、何よりも安全を優先するために知恵を絞った結果でもある。

緊急停止方法の習得は、作業員の安全確保のみならず、作業時のごみのはね返りが通行人にかからぬようにする観点からも必要不可欠である。水分の多いごみ、汚物が含まれているごみからのはね返りが通行人にかかってしまうと、取り返しのつかない事態となる。よってバケットに積んだごみをタンクに押し込む「積込ボタン」を押す際には細心の注意を要し、また、状況によってはすぐにでも停止させ通行人の安全を確保する。

このようなボタン操作で必要となるのが、清掃車の種類ごとに相違する積込構造の知識である。清掃車の原理を理解しておくことにより、現場で生じる不測の事態への柔軟な対応が可能となる。小特と小プの積込機能は、ごみを圧縮しながら積み込んでいくか否かで相違する。小特の場合は、バケットの中の回転板がごみをかき揚げ、それを押込板でタンクに押し込む形となっており、ごみの容量が小さくならずに収納されていくようになっている。また、バケットに一度に多くのごみを入れると回転板と嚙んでしまい止まってしまう。その際は回転板を逆転させたり正転させたりして、嚙み込みを除去していく。一方、小プの場合は、バケット内の圧縮板が投入したごみを、バケットの底板に押しつけて圧縮しながらタンク内に押し込んでいく仕組みとなっている。非常に強力な力で圧縮

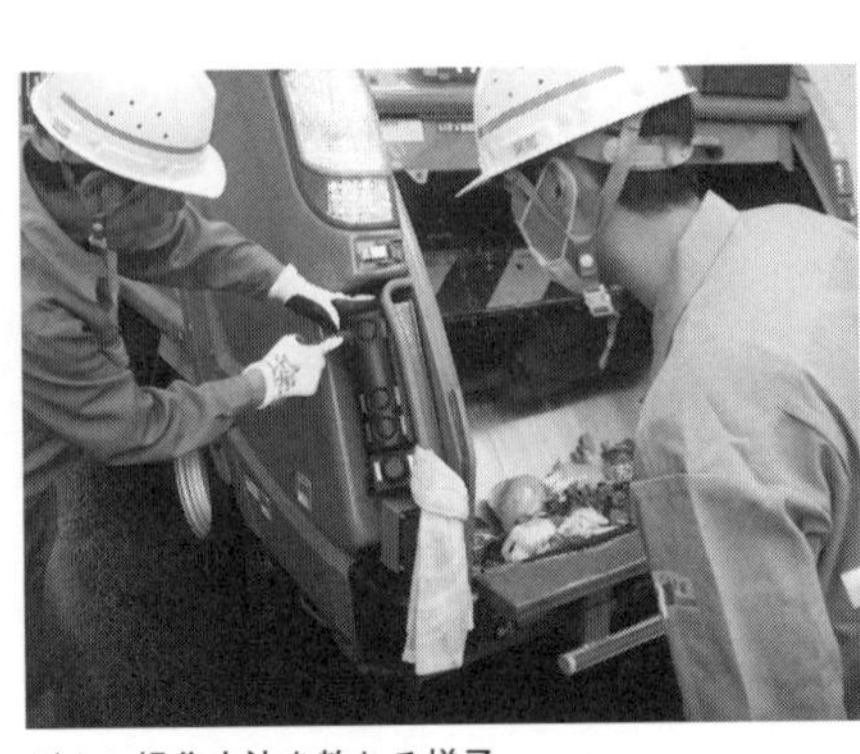
ボタン操作方法を教わる様子

図表1–2　積込機構〈特殊車の場合〉

(1) 回転板正転、押込板戻り作動
・積込ボタンを押すと、回転板が正転し始め、同時に押込板がもどり始める。

(2) かき込み作動
・押込板戻りが停止し、回転板が投入されたごみをかき込む。

(3) かき込み完了、押込み作動
・回転板のかき込みが完了し、かき込まれたごみが押込板によって荷箱内に押込まれる。

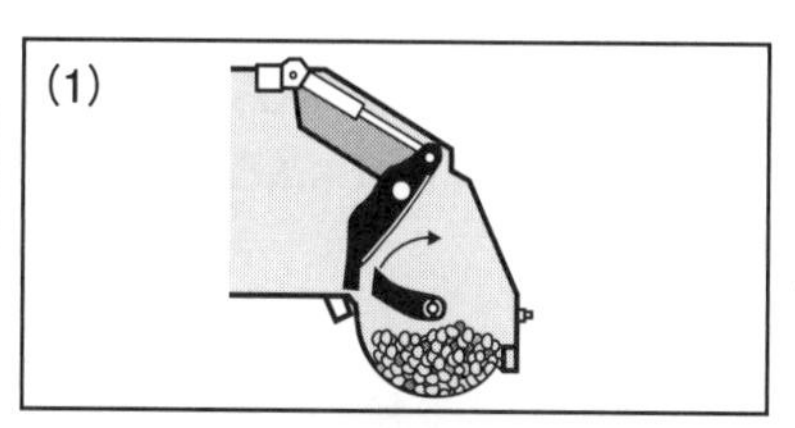

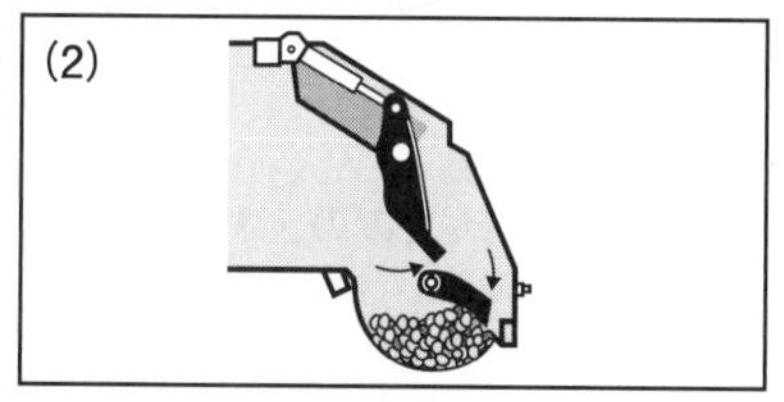

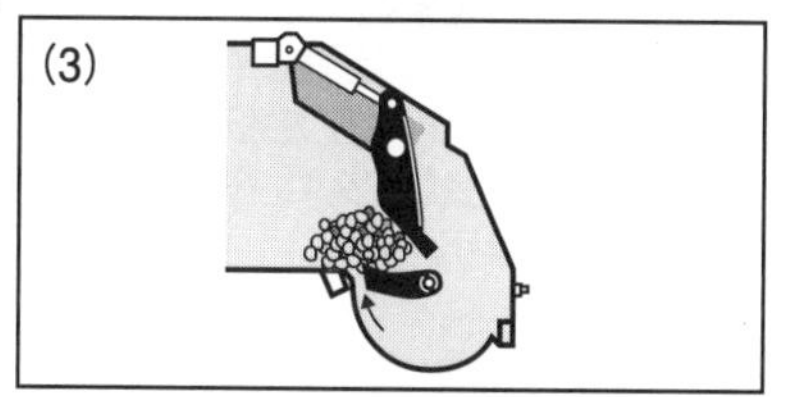

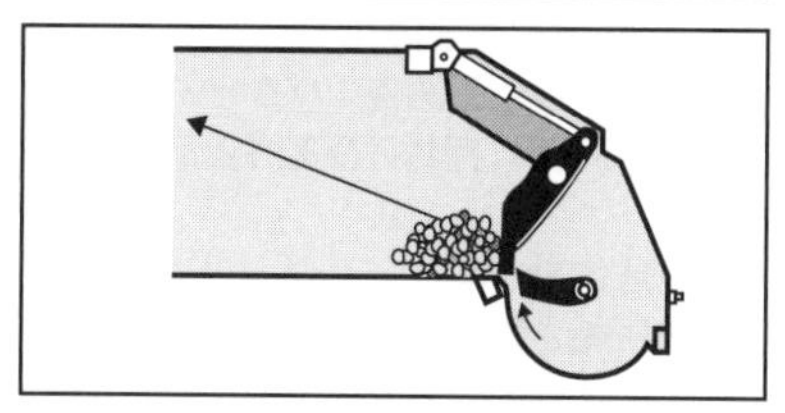

出典：東京都北区生活環境部（2001: 22）

図表1−3　積込機構〈小型プレス車の場合〉

●圧縮板は、「反転」「一次圧縮」「二次圧縮」「押込」の4工程の作動をする。

(1) 反転作動

・積込ボタンを押すと、圧縮板は反転する。

(2) 一次圧縮作動

・投入されたごみの上を圧縮板が降下し、投入されたごみをバケットの底板に押付け圧縮する。

・一度で圧縮が困難なものでも、自動的に圧縮板先端位置を少し変えて、圧縮作動を繰り返す。

(3) 二次圧縮作動

・圧縮板は、回転しながら投入されたごみを、バケットの底板に押付け圧縮する。

(4) 押込作動

・圧縮されたごみは、圧縮板によって荷箱内に押込まれる。

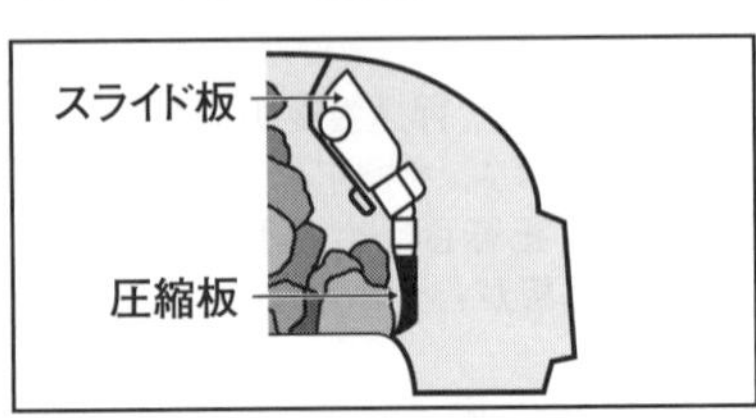

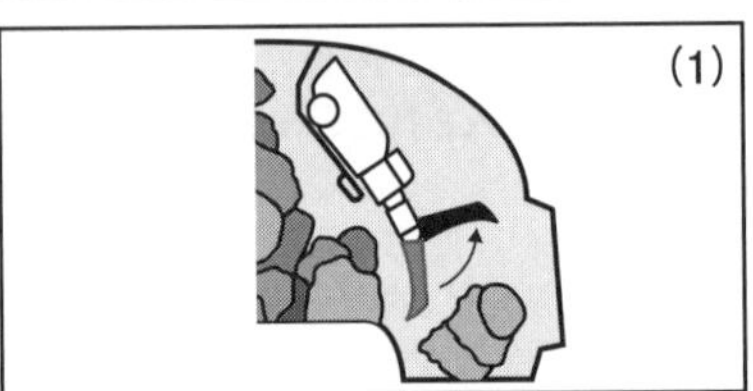

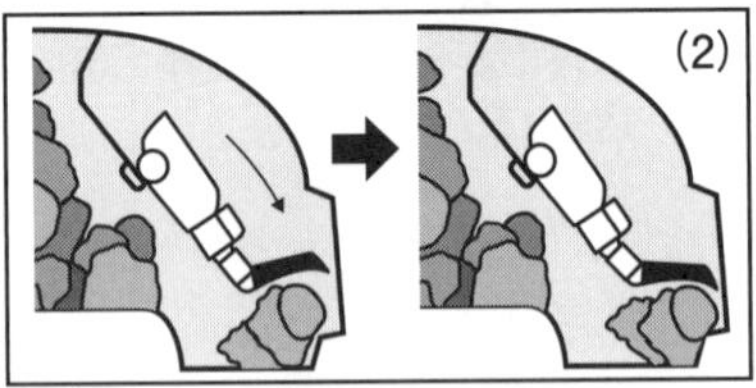

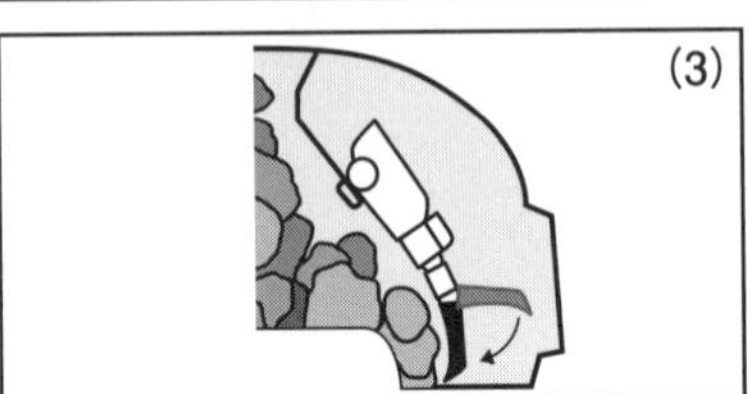

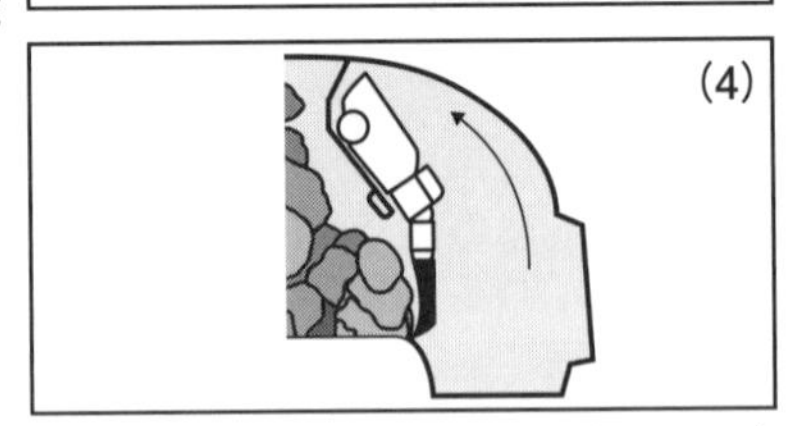

出典：東京都北区生活環境部（2001: 23）

するため、仮に巻き込まれてしまうと命の保証はない。圧縮時にはごみが飛散する場合があるため、水気を多く含んだ厨芥(ちゅうかい)ごみ、オムツ等の汚物が入ったごみを圧縮する時には特に注意を要する。

新人研修を入念に行うのは、ごみの積み込み作業自体は確かに単純作業であるが、そこには数々の危険が存在しており、気が緩めば公務災害や労働災害に見舞われてしまうからである。そのため、監督者がしっかりと安全への意識づけを行うのである。そして、清掃職員は自らの安全を確保して作業を行っていくために、しっかりと安全研修を受け、現場に出れば常に安全を意識して作業を行っていく。

このような安全作業の追求は、新人研修のみのマターではない。清掃職員全員が自らの作業の安全性を追求している。時には様々な工夫を施し、そこで得た知恵を仲間と共有し、事故の無い職場環境を作り上げている。一見単純作業に見える収集業務であるが、その積み込み作業の裏には、安全を追求する努力の積み重ねが存在し、しっかりとした業務知識、事故を起こさないという信念が作用している。それが前提となり良質な清掃サービスが提供され、清潔な生活環境が保たれているのである。

【注】

1 東京23区では、都区制度改革により、2000年に清掃事業が区へと移管された。これにより、収集・運搬作業は各区が、ごみの焼却となる中間処理は東京二十三区清掃一部事務組合が担い、焼却灰などの最終処分は東京都に委託して行われる形となっている。詳細は第4章の冒頭を参照されたい。

2 小型プレス車は、テールゲートに投入されたごみを圧縮板が底板で圧縮しながら積み込みを行っていく機能を有する清掃車である。そのため、ごみの積み込みにはかなりの危険が伴う。圧縮板の稼働時に手や指が巻き込まれると簡単に切断されてしまうので、細心の注意を要する。

3 小型特殊車は、テールゲートに投入されたごみを、回転板と押込板でタンクの中に入れていく機能を有する清掃車である。小プよりも小さいため、道幅の狭い地域での運用に就く。ごみを圧縮してタンクに押し込まないため、積み込み量は小プには及ばない。

4 現場における技能系・業務系職員の責任者となる技能長を統括する役職。

5 清掃事業者の利用には、雇上(ようじょう)、車付雇上(しゃつきようじょう)、業務委託がある。雇上は清掃車とその運転手を清掃事業者から受ける形であり、それに清掃職員が乗務し収集サービスを提供していく。車付雇上は作業員も含めて清掃車の配車を受ける形であるため、車付雇上化が進む現場での仕事ぶり等については把握が難しくなり、業務がブラックボックス化していく危険性がある。業務委託は業務そのものを委託する形であり、北区では主に資源収集をリサイクル業者に委託している。

6 堀船船舶中継所の廃止の代替案として、不燃ごみの9割を資源化し、中央防波堤の処理施設への搬入車両を最小限に抑えるようにした。そのため、民間の廃棄物業者に搬入し資源化を推進している(都政新報2017年7月25日参照)。

7　戸建ての住居の玄関先に収集場所を決めてもらい、その地点に排出されたごみを作業員が収集していく収集方法。

8　これに対して、清掃工場を自区に持たない区や搬入に時間がかかる区では、清掃車を2台用意し、1台目の積み込みが終わる地点に2台目を配備しておき、続けて作業を行う「ダブル作業」も見受けられる。理論上は、2台目の積み込みを行っている間に1台目がごみを搬入しに清掃工場を往復して戻ってくる形となり、効率良くごみの積み込み作業が行われるようになっているが、途中交通渋滞に巻き込まれるケースもあり、多少の待ち時間が生じてしまう場合もある。

第2章　ごみ収集の現場

戸別収集の作業現場

これまで清掃職員の一日や安全作業への取り組みを述べたが、次に現場でどのように作業が行われているかを述べてみたい。筆者が体験した様々な収集の現場で何が起きているのかを述べていく。なお、筆者は次ページ図表2－1のとおり東京都北区の滝野川庁舎にて収集体験をさせて頂いた。

筆者が北区の清掃現場に興味を抱いたのは、東京23区という大都市地域ではかなりのコストがかかってしまう戸別収集がどのように実践されているかに興味を持ち、自らの身で以てその実態を知りたく思ったからである。2019年2月に品川区での戸別収集の様子を横で見学させて頂いたことはあるが、自らが作業するところまでは許可が下りなかった。今回は北区の収集現場で実際に作業を体験させてもらえるようになり、十分に業務を理解できる機会となった。

図表2-1　体験した収集作業

年	月	日	担当した業務
2020年	11	16	安全作業研修。座学と実車で安全作業への手順を学ぶ。
	11	23	小特に乗務し滝野川5丁目等の収集を行う。狭小路地奥からのごみの引っ張り出しが多い。
	11	30	小プに乗務し滝野川6丁目等の収集を行う。戸別収集とマンションの集積所収集の混合形態。
	12	7	軽ダンに乗務し滝野川5丁目等の狭小路地での戸別収集を行う。最長距離の引っ張り出しを経験。
	12	14	小プに乗務し滝野川7丁目等の収集を行う。戸別収集とマンションの集積所収集の混合形態。
	12	21	小プに乗務し滝野川3丁目等の収集を行う。戸別収集とマンションの集積所収集の混合形態。
	12	28	「ふれあい指導班」に同行。引っ越してきた区民宅を訪問し、ごみの排出場所の打ち合わせを行う。
2021年	1	4	軽ダンの対策車に乗務し滝野川地区の収集の応援を行う。正月明けでごみが多い。
	1	5	小特の対策車に乗務。清掃庁舎の裏庭に仮置きされるごみの積み込み作業を行う。
	1	6	小プに乗務し西ケ原1丁目等の収集を行う。正月明けのごみの量に圧倒される。
	1	11	小プに乗務し滝野川7丁目等の収集を行う。マンションの集積所収集が多く、戸別収集は比較的少ない。
	1	18	小プに乗務し滝野川3丁目等の収集を行う。戸別収集とマンションの集積所収集の混合形態。
	1	*26*	*（清掃職員が新型コロナウイルスに感染したため、感染拡大防止の観点から休務とされる。）*
	2	*2*	*（清掃職員が新型コロナウイルスに感染したため、感染拡大防止の観点から休務とされる。）*
	2	9	小特に乗務し田端1丁目等の収集を行う。マンションの集積所収集が多く、戸別収集は比較的少ない。
	2	15	軽ダンに乗務し滝野川1丁目等の収集を行う。強い雨の中での作業となる。
	2	22	小プに乗務し滝野川3丁目等の収集を行う。戸別収集とマンションの集積所収集の混合形態。
	3	8	小プに乗務し滝野川5丁目等の収集を行う。小雨の降る中での作業となる。
	3	15	小プに乗務し滝野川5丁目等の収集を行う。戸別収集とマンションの集積所収集の混合形態。
	3	29	小プに乗務し滝野川3丁目等の収集を行う。戸別収集とマンションの集積所収集の混合形態。

戸別収集が基本となる滝野川庁舎での初めての収集体験は、路地奥からの引っ張り出しも多く含まれる滝野川5丁目のコースであった。道幅が狭いところもあるため、小特に乗務しての収集作業であった。腰痛予防体操を終え滝野川庁舎の裏庭に停めてある清掃車に乗り込み、10分程度で滝野川地区に到着し作業が始まっていった。

先述のとおり午前中の作業では3台分の収集を行うが、1台目の収集はそれほど道幅が広くない一方通行道路沿いの収集であった。道に沿って動く清掃車に合わせ、各住宅の前に出されたごみを収集し清掃車のバケットに投げ入れる作業を繰り返していく。家の前に出されたごみを収集するのであるが、見えにくい場所に出されている場合もあるため、取り残しをせぬようにしっかりと指差(ゆびさし)確認を行いながら収集作業を進めていく。

集積所収集では、現場に到着するとごみの臭いに圧倒され、一日の作業の終わりには吐息がごみ臭くなることもあったが、戸別収集ではごみが分散されているため、それほど臭いもしない。また、マスクを着用しているため、なおさら臭いを感じない。しかし、良い面があれば辛い面もあり、集積所収集ならば作業が終われば清掃車に乗り次の集積所に移動するため多少の休憩時間を確保できるのに対し、戸別収集の場合は外に出て清掃車を小走りで追いかけるように作業が行われるため、より労力がかかり収集時間も長くなる。よって、1日5台分の作業しかできない[9]。これはすなわち、戸別収集にはそれだけ時間、機材、人員、労力が必要になることを意味している。

各家庭から排出されるごみは、ごみ袋のまま出される場合、カラス除けネットが掛けられている場合、ごみバケツに入れられている場合、と様々で、それぞれの住居で相違する。その中でも、バケツからのごみの取り出しには、一定の要領や注意が必要となる。というのは、バケツの種類が多様であり、蓋を回して開けるタイプ、フックを外すタイプ等、様々な形状があり、どのように蓋を開けるのかが瞬時に分からず多少の時間が必要となる場合もあるからである。清掃車を走らせながらそれに合わせて各戸からのごみを積み込みながら作業を進めていくため、収集作業の遅れは清掃車の走行に影響し、ひいては通行人の通行の妨げとなる。よって、手際良い収集スキルが求められる。また、それらのバケツは外に出されて日光や風雨に晒されているため劣化が進んだものもあり、フックを外そうとするとバケツを損傷してしまう場合もある。慎重にごみを取り出したいところであるが、清掃車の走行に合わせて収集していくため、相応の作業スピードが求められゆっくりとはしていられない。また、ごみバケツの中には、ごみ袋に入れられたごみが入っている場合がほとんどであるが、袋詰めせずごみバケツを1つのごみ箱のように扱い、あらゆるごみをそのまま入れてあるものも存在する。その場合は清掃車のバケットまでバケツを持ち上げひっくり返して入れていくのであるが、先述のように中にはプラスチックが劣化したバケツもあり、慎重に扱わなければ破損させてしまうケースもある。破損させてしまうと弁償となるため極力丁寧に作業を行っていく必要がある。一定のスピードに加えて慎重さや丁寧さも求められる作業となるため、清掃職員は現場で矛盾する要求を突き付けられながら作業を行っている。

さらに戸別収集で作業員泣かせとなるのが、ごみか否かの判断がつかないモノがごみと共に置かれているケースである。家の前にごみ袋のみが出されていれば、ごみであると一目瞭然で認識できるが、ごみと共に古くなった園芸品や家財道具等が横に置かれている場合は、収集して良いのかの判断に困る。その際は当該住居に問い合わせてごみか否かを確認するが、確認が取れない場合は紛らわしいモノを残置し、後で問い合わせが清掃庁舎に来てから対応する。

簾はごみとして排出されたのか？

このような紛らわしいモノに関しては筆者もミスをおかしてしまった。それは、飲食店前に出されたごみ袋と使用済みの大量のおしぼりが入った袋を両方ともごみとして収集したミスであった。おしぼりが入った袋がごみと共に置かれていれば、事情を知らなければごみと判断するであろう。しかし、おしぼりは提供業者が回収し消毒して再利用するため、収集してはならないモノであった。横で作業する清掃職員さんに注意されタンクの中に押し込まなくて済んだが、もしそうしていれば弁償させられていたであろう。

不燃ごみの収集時に生じる類似した間違いは、不燃ごみとその横に置かれたビニール袋に入れられた出前用の皿を一緒に収集するミスである。可燃ごみの収集ならば皿の入った袋は収集せず残置するが、不燃ごみの収集時にはごみとして認識してしまう。また、不燃ごみの回収の際に、ごみ容器の上に置かれた傘の取り扱いにも困る。容器を傘立てとして利用しているケースもあるため、都度インターホンでごみか否かの確認を行い、収集作業を行う。

排出者側からすると、戸別収集は家の前にごみを出すため集積所収集に比べ排出の手間は省けるであろうが、何がごみであるかをしっかりと明示しておかなければ、とんだトラブルを引き起こしてしまう。排出者、作業員双方のためにも、戸別収集では排出者側の明確な意思表示がいっそう求められる。

ところで、作業日当日は祝日であったため通行人はそれほど多くなかったが、平日であると付近の高校生の自転車の往来が多く、収集には大変苦労すると清掃職員さんから教えて頂いた。気がつくと目の前に自転車が現れているという状況になるのである。実際に多少でも通行人が近づいてくると、積み込み作業にはかなりの注意を払う必要が生じた。特に各住宅の前のごみを収集して清掃車のバケットに投入していくという一連の動作の僅かな間に、自分と清掃車の間に通行人や自転車が入ってしまう場合もある。状況によってはごみをバケットに投げ入れる時もあるが、それが当たってしまう可能性もある。また、小特の回転板を回してタンクに押し込んでいく時に通行人が清掃車に近づいてくると、水気のあるごみから汁が飛んでしまう場合もあるため、いったん作業を止めて通り過ぎるまで待ち、その後作業を再開していかざるを得ない。特に清掃車1台しか通行できないような道路で作業が止まると、後ろで待たせている車にはさらに待ち時間が生じてしまう。誰でも急がなければならない時もあると思うが、収集作業時には無理な通行を控えた方が良い。利己的な行動が周りの通行人にも影響を及ぼす。このことへの理解の深まりを祈るのみである。

右側の収集ルートには、路地奥からの引っ張り出しの箇所が多く存在している

路地奥からの引っ張り出し

1台目の収集が終わると、清掃車は収集したごみを搬入しに豊島清掃工場に向かうが、作業員は現場に残り、次の積込作業に向けて路地奥から清掃車が停まる道路脇までごみの引っ張り出しを行っていく。これは清掃車が辛うじて1台通行できる道路での収集作業時間を限りなく短縮するためであり、あらかじめ路地奥からごみを引っ張り出して道路沿いにまとめて仮置きし、それを積むことで人々の往来を妨げる時間をなるべく減少させるという配慮による。このごみの引っ張り出しや仮置きは戸

別収集に反するため、あらかじめ路地奥の住居の住民に説明を行い、許可を頂いてから行うという配慮を施している。

清掃職員は通りに面した狭小路地に入っていき、路地奥からごみを引っ張り出してくる。路地にはびっしりと住居が建てられており、中には単身者が入居するようなアパートもある。路地の奥にはさらに枝分かれしている箇所もあり、地図が頭に入っていないと収集業務が遂行できないため、地域を熟知していなければ仕事にならない。

路地奥まではある程度の距離があり、中には20m、30mに及ぶ箇所もある。その路地を何往復もするのを避けるため、持てるだけのごみを運び出していく。その際には、ごみを持つというよりも袋の結び目を指に引っかけ、可能な限りのごみを一度に引っ張り出す。その時に、袋いっぱいにごみが詰まり結び目が極端に小さいごみは、指に引っかけにくく持ち出すのに苦労する。また２０２０年７月１日からのレジ袋の有料化に伴い、レジ袋ではないビニール袋や紙袋をテープで留めて排出しているケースもあり、指に引っかけられないごみもある。また、単身者が入居するアパートのストッカーには、小口のごみが排出されており、それをストッカーの奥底から取り出す作業は身を乗り入れて行うため苦労する。さらにそれらを道路まで引っ張り出す作業は、一度に多くを持てないため作業員泣かせとなる。

引っ張り出すごみの中には45ℓの袋に山盛りに詰まったごみもあるため、かなりの負担が指にかかる。筆者は一度に４つしか持ち運べなかったが、清掃職員の方は10個近いごみを一度に運び出しており、素人がすぐに真似のできるような作業でないと痛感した。現場で足を引っ張ってはいけないと思い、45ℓの大袋を小指に引っかけて持ってみたが、小指が折れそうな痛みを感じすぐに断念した。一度に多くを持とうとすると怪我が生じる現場だと痛感した。当該作業後の数日間は指の関節が痛く、指が真っすぐになりにくかった。清掃職員の中には指が曲がってしまい真っすぐに伸びない方もおられると聞いた。路地奥からの引っ張り出しにはかなりの負荷がかかると身を以て理解できた。

路地奥からの引っ張り出しに向かう様子

引っ張り出しに係る注意点と重要な課題

この路地奥からの引っ張り出し時に注意すべきは、持ったごみが民家の器物に接触し損傷させてしまわぬように作業を進める点である。植木鉢に当たると破損させてしまうため、多くのごみを持つ際には周りの状況に細心の注意を払い作業を続けていく必要がある。非常に気を遣う作業である。

路地奥から引っ張り出されてきたごみは、清掃車が

了解が得られず路地中央に仮置きされたごみ

通行する道路に面した一定の箇所に仮置きされるが、この仮置き場所が問題となる。住宅の敷地内で仮置きさせてもらえる場合もあれば、家主の理解が得られず、路地の中央に仮置きせざるを得ない場合もある。確かに、汁気の多いごみが敷地内に並べられ、そこから汁が滲み出て敷地を汚され臭いが染みつくような事態が起これば、仮置きされることを拒否したくなる。今のところ路地の中央とはいえ仮置きさせてもらえる場所があるので収集作業には大きな問題にならないが、通行に不便が生じているため、いずれ地域から何らかの苦情が寄せられるかもしれない。正解が存在せず難しい問題となるが、住民同士の利害調整機能を地域で育み、解決へと至ることを祈るのみである。ごみと自治は密接に結びついている。

清掃車が到着すると、通りに沿って仮置きしたごみを順に積んでいく。収集中に自動車が来ても、作業が終わるまで後ろについて待ってもらう必要がある。当日は2台ほど収集中に来たが、業務の重要性を理解している運転手のようで、クラクションを鳴らして急かすことはしなかった。住民は言うまでもないが、通行人も清掃業務への積極的な協力者でいてほしい。

軽ダンでの狭小路地の収集

ごみ収集と言えば、小プや小特での清掃車をまず想像するであろう。しかし、滝野川庁舎のエリアにはそれらの車両が通行できない狭小路地が存在し、そこでのごみ収集対策車両として10台の軽ダンが用いられている。筆者は年の瀬が近づく12月に軽ダンに乗務させてもらい、滝野川2丁目、3丁目、5丁目の収集の現場を体験させてもらった。

軽ダンの収集は1日7回分であり、収集したごみは清掃工場に搬入するか滝野川庁舎の裏庭の仮置き場まで運搬する。軽ダンは小プや小特に比べ積載量は少なく、大型のごみが出ていればすぐに荷台がいっぱいになってしまう。収集現場付近のどこかに仮置き場を作り小プや小特に積み替えれば、軽ダンの清掃工場や清掃庁舎への運搬時間を削減できるのだが、そのような場所が確保できず収集ごとの運搬が必須となっている。

滝野川庁舎から10分程度で滝野川地区に入り、通りから一本奥に入ると狭小路地となる。何度か切り返してやっと曲がれるような角を曲がりながら現場に到着し、収集作業が始まっていった。狭小路地の収集は、家の前に出されたごみを収集していく点は変わりないが、時には路地の奥にある民家の庭先まで取りに行くこともあり、現場の地理に精通していないと仕事にはならない。また、路地の途中から先は軽ダンが入れなくなる箇所もあるため、距離が長くなる路地奥からの引っ張り出しも伴う作業となる。持てる限りのごみを抱え、数十メートル先の清掃車まで引っ張り出す作業を繰り返していく。

軽ダンへの積み込み作業は、小プや小特のように量が積めないため、作業自体の総量は少なく体力的な負担は軽い。しかし、軽ダンの荷台には蓋があり、小プや小特のバケットよりも上に位置するため、ごみを高く持ち上げて積み込む必要がある。また、ごみが詰まってくるとより高い位置にごみを積み上げていかなければならない。通常は複数個のごみを一度に持ち上げるため、ある程度の腕力が必要となり、そのうち息が切れる作業となる。作業を続けていくうちに、結構な負担が肩にかかっていることを自覚するようになる。ちなみに筆者は翌日肩が上がらなかった。

民家の奥に出されたごみを収集する様子

作業を進めていくにつれ、限られた荷台の上にごみを多く積んでいく作業が意外にも難しいことが分かる。乱暴にごみを放り投げて入れると多くのごみは積み込めない。荷台に万遍なく均しながら隙間なく積めるように投げ入れていくのは職人技である。その点を清掃職員の方に尋ねてみると、「10年ぐらい積んでやっときれいに積めるようになる」と説明を受けた。傍から見ると荷台にごみを放り投げるだけの積込作業であるが、かなりのスキルが凝縮された作業となっている。筆者の積み込み方が悪かったせいもあり、荷台はすぐにいっぱいになってしまった。

左手に持てる限りのごみ、右手には剪定後の木を持ち、路地奥から引っ張り出す作業風景

収集後、蓋でごみを押し込み、カバーをかけて出発する

軽ダンでの作業は小プや小特と比較し、それほど体力を消耗しない。よって、どちらかと言えば現場の地理やスキルが蓄積されている高齢の清掃職員に向いている。後述するが、北区では清掃職員の平均年齢は52歳であり、加齢による体力の衰えもあることから、小プや小特での作業が難しくなると見込まれる。今後は軽ダンを利用した収集が進んでいくであろう。

年末年始のごみ収集体制

一年を通じて最もごみ排出量が多くなるのが年末年始である。以前は大掃除の習慣の名残から年末に多くなる傾向であったが、近年はライフスタイルの変化からか年初の方がごみは多くなっている。年末の収集サービスは例年12月30日までであり、年初は1月4日から開始される。各家庭にストックされた正月約1週間分のごみが年初の収集日に一気に排出されてくる。可燃ごみは月・木、火・金、水・土の週2回取りであるため、収集が始まる4日、5日、6日は一年のうちで一番ごみが多く出される日となる。マンションの集積所にはごみが山積みされ、ストッカーからはごみが溢(あふ)れ出し、街の至る所にごみの山が散見されるようになる。これらのごみを清掃職員総出で、東京に存在する予備車も含めた全ての清掃車を稼働させて収集していく。このごみ収集作業が一年で最も過酷となり、清掃関係者にとっては一番の腕の見せ場となる。この清掃の檜舞台とも言える3日間の収集に筆者も加えてもらい、滝野川庁舎での作業を体験した。

年末が近づくと増加するごみへの対策として「年末年始作業期間」が設定される。北区の対策期間は2020年度では12月24日～1月9日（12／31～1／3は休み）であり、その間の年休の取得は控えるように告げられる。年末までは週休2日となるように週休日が割り当てられるが、年初の3日間は全員総出で作業を行う体制が構築される。それとともに清掃車についても「対策車」と呼ばれる特別に別途手配した車が導入され、通常設定されている本番の作業コースのフォロー体制が構築されていく。とはいっても、対策車により十分な収集体制が構築されるとは限らない。というのは、対策車の手配は東京二十三区清掃協議会（以下、清掃協議会）に対して行うが、他区の要望との調整があるため、雇上会社の予備車を全て稼働させるものの、希望どおりの配車が受けられるとは限らないからである。新型中型車（以下、新中）や新型大型車（以下、新大）を希望しても、小型の小特しか割り当てられない場合もある。どの区においても直営車自体を削減し通常から雇上会社に配車を依頼している状況にあるため、雇上会社にも配車には限りがあり希望どおりの配車が受けられない。よって、割り

山積みされた正月明けのマンションのごみ集積所

振られた清掃車を利用して収集体制を構築していかなければならない。清掃協議会の調整の結果、年明け3日間の滝野川庁舎には小プ3台、小特2台（うち1台、6日は新中）、軽ダン3台が配備されていた。

年末年始作業は特別な位置づけであるため、その収集作業においても普段とは相違する対応がなされる。通常は各家庭から4袋まで排出できるが、当該期間中に出されたごみは個数に関わらず収集する。これにより、正月明けの収集で街からごみが一掃され、清潔な環境で一年を暮らし始める状態が整えられていくのである。

このような年始作業において筆者に割り当てられた役割は、4日は軽ダンにて4台ある可燃ごみ本番車のフォロー作業、5日は滝野川庁舎の裏庭に軽ダンにより運び込まれる可燃ごみを清掃工場への搬入用の小特へ積み込む作業、6日は小プでの可燃ごみ収集の本番作業、であった。

年始のごみ収集現場

6日の現場は水・土の収集地区であり、これまでの滝野川地区と相違する西ケ原1丁目での作業であった。年始作業の最終日であり普段の生活も始まっているため、ごみの量はいっそう多くなっていた。現場に向かう清掃車からマンションのごみ集積所に積まれた山のようなごみを見ていると、これから取り掛かる作業の過酷さに身が引き締まる思いであった。冬型の気圧配置が強まり寒気が南下したため気温が低く、最高気温7℃の曇り空の中での収集作業となった。

現場に到着し収集作業が始まった。これまでの収集では、各戸からの排出ごみは1袋か2袋であったが、ほとんどの住居からは3袋か4袋排出されていた。ごみバケツを設置している住居では、ごみバケツには入り切らないためその横にさらにごみが置かれていた。しばらく作業をしていると滝野川庁舎での収集でこれまで経験した作業量とは違うと把握するに至った。それぞれのごみは大きく、そのほとんどが45ℓサイズでずっしりと重く、中には水分が切られておらず汁の垂れるものもあった。

作業で苦労した点は、バケツに隙間なく押し込まれたごみを取り出す動作であった。ごみの結び目を握って持ち上げても、バケツも一緒に持ち上がってしまい、ごみが上手く取り出せない。時間がかかりそうな場合はバケツを清掃車まで持って行き、バケツを逆さにしてバケットに中身を振り落とすのであるが、それでも出てこない。底を叩き左右に振りながらやっとのことで取り出すのであるが、あまりにも乱暴に扱うとバケツが損傷してしまい弁償となってしまう。野晒しで劣化が進んだバケツの取り扱いには非常に神経を使った。ただでさえ手際良く作業をしなければ片付かない状況において、1つのバケツを捌(さば)くのに多くの時間は割けない。共に作業をする清掃職員の方はどうかというと、いとも簡単にごみを取り出しスピーディーに作業を進めている。この時にも、素人がすぐに真似のできる作業ではないと痛感した。

当初割り当てられていた箇所のごみを取り切らないと仲間に応援を頼むことになるので、なるべくそれを避けたいため作業員の目は自ずと吊り上がる。手際良くスピーディーに収集作業を進め、1軒を取り終えれば駆け足で隣の家の前に行き次のごみを収集していく。寒空ではあったが作業を続けていくうちにすぐに体が温まってき、汗が噴き出し、かなりの体力を消耗していると自覚した。このままでは体力が一日持つのかと心配しながら作業を続けていた。

また、苦労をしたのが、マスクから漏れる吐息でメガネがくもり、視界が遮られる事態が頻発した点であった。グローブを外し、指でレンズのくもりを除去するが、そのうちまたくもり始め視界が遮られる。マスク着用での作業となるため仕方がないが、視界が遮られると安全作業への影響が生じかねない。今後これに起因する事故が起こらないことを祈るのみである。

しばらく作業を続けているうちに清掃車のタンクが詰まってきて、普段の進捗の半分程度しか収集していないにもかかわらず、これ以上積めない状態となってしまった。その時点で1台目は終了し、清掃工場に向かうようになる。通常は作業員2人も清掃車に乗務し清掃工場に向かうが、清掃職員の方は2台目の収集に備えて現場にてごみの排出状況の確認を行うため、筆者のみ乗務して北工（きたこう）に向かっていった。清掃工場への往復時間は作業員にとって束の間の休息時間になるが、当該清掃職員の方は休憩もとらず、当日の作業コースを巡回し、どこにどれだけのごみが排出されているのか確認するとともに、2台目以降の効率的な収集ルートを検討していた。プロ根性を垣間見たようであった。

清掃工場との往復後は2台目の収集作業が始まる。コースの中には路地奥からの引っ張り出しもあり、またごみ袋がしっかりと結ばれていないためバケットへの投入時に中身が道に散乱するケースもあり、徐々に過酷な収集現場となっていった。その中でも驚かされたのが、3台目最後の老人ホームのオムツ収集であった。倉庫に入れられた1週間分のオムツは70ℓの袋で100個を超える量であった。それを1人が倉庫から運び出しもう1人が順次清掃車に詰め込みプレスしてタンクに押し込んでいく。オムツは通常は中の汚物をトイレに流してから排出するように決められているが、実際は汚物を含んだまま排出されており、手にすると非常に重たく複数の袋を持つと腰にくる。また、1週間近く倉庫で保管されているものもあるため、異様な臭いが漂っていた。

小プでの収集であるため、オムツの積み込みにはかなり慎重にならざるを得ない。プレス時に汚物が飛んでくることもあるからである。よってプレス機が動き始めると清掃車の横に立ち、引っかからないように細心の注意を払う。しかし、手際良く積み込まなければならないため、自ずと清掃車の後ろに立ち、次のごみを用意してバケットに投入する準備をしなければならない。幸いにも筆者には汚物が飛んでこず無事に作業を終えることができたが、後で清掃職員の方から同じ現場で汚物が引っかかった職員もいたと聞いた。時には悲惨な目に遭うこともあるが、清掃職員の方々は使命を果たすべく与えられた収集作業を進めていく。これこそがプロの魂であり大変頭の下がる思いをした。

現場知識や経験が必要不可欠な対策会議

通常は午前中の作業を切りのよいところで終え、11時25分を目途に滝野川庁舎に戻り、昼休憩をとる流れとなる。しかし午後に全てのごみを収集し終えるために、現場を任されている主任の清掃職員が一堂に会し、本番の進捗状況を報告した上で、取り切れなかった現場に応援を入れるか否かの調整を行う。導入された対策車も利用し、取り残されている箇所のごみ量に見合うように、対策車の導入箇所や他の収集車からの応援を検討していく。応援を受けた側にとっては追加の作業を任される形となるため、気軽には頼めず、しっかりとした見積もりで以て進められていく。

しかし、滝野川庁舎のエリアは戸別収集であるため、各戸建住宅の前に散在して排出されるごみ量を、すぐにはイメージできない。集積所やマンションのストッカーのようにまとまっていれば、ごみ量のイメージが浮かびやすいが、戸別収集では非常に難しい。よって地図を見ながら現場の様子を思い出し、取り残し量を計算して適当な応援の量を見積もる必要がある。取り残しのごみを過大に見積もると応援を過剰に受けるため、その分仲間に迷惑をかけてしまう。

逆に過少に見積もると自らの作業が長引き、全体の作業が終了するまでの待機時間を長引かせてしまう。よって未収集のごみ量に相応した必要な支援量を見積もるスキルが求められてくる。

これらは、地域や収集ルートをしっかりと記憶しているが故になせる業務であり、まさに職人技であると言える。収集の現場を委託に出してしまうと、このような調整の場や人員や機材を流動的に活用して収集体制を再構築していくことはできない。小プや小特での収集の現場を車付雇上化しない理由がここに見て取れる。

午後からの作業は応援が入ったこともあり、割り当てられたルートのごみの収集を無事に終えられた。筆者は現場の皆さんに迷惑をかけぬよう必死に作業をしていたため、非常に疲れを感じた。洗身して身をほぐしたが、しばらくは握力が戻らず、肩が痛み腕を上げられなかった。ごみ収集は身をかなり削る仕事であると痛感する。身を挺した清掃関係者の仕事のおかげで、衛生的な環境が維持されていることを忘れてはならない。

清掃の現場から浮かび上がる知見

これまで清掃現場の現状を述べてきた。以上を踏まえ、現場で清掃職員の方々と共に汗を流すことで認識できた知見を3点整理しておきたい。

第一は、ごみ収集作業は清掃車にごみを積み込むだけの単純肉体労働のイメージが先行しがちであるが、実際には当日の業務の総量を与えられたリソースでいかに効率良く完遂させていくかという思考作業も伴うため、頭脳労働の側面も兼ね備えているという点である。昨今の清掃職場では人員や配車台数が削減され、十分なリソースを持ち得ていない状態となっているが、その中でも持ちうるリソースを柔軟にやり繰りし、街からごみを一掃している。そこでは、現場で積み重ねてきた経験をもとに、刻々と変化する状況に応じて投入する労働力の過不足を柔軟に調整し、業務の全てを完結させている。限られた人員や清掃車をどのように動かして業務を完遂させていくかは、複雑な形をしたピースのジグソーパズルを完成させていくようなものであり、かなり柔軟な思考力が必要となる。このような頭脳労働を行う前提として、現場経験に裏付けされた知見、現場に見合ったノウハウ、地域の実情の把握、の涵養(かんよう)が挙げられる。俯瞰(ふかん)的に全体を見渡しながら自らの業務を行う必要もあり、収集作業はもちろん、全体のオペレーティングは素人が簡単に真似のできる業務ではないと言える。

第二は、第一とも関連するが、清掃職場にはかなりの柔軟性が存在しているが、それが逆に仇(あだ)となり清掃職場への行政改革が進められる原因になっていると思える点である。先述のとおり、行政改革のあおりを受け、どの地方自治体の清掃職場でも十分な人員や機材が割り当てられていないが、清掃職員はどうすれば従来と同様の収集サービスが現有リソースで提供できるかを熟考し、工夫を凝らして業務を遂行し完結させている。これが、人員や機材を削っても業務が遂行できてしまうという、現場を熟知しない者の誤った認識につながっているようである。当然ながら無駄な人員や機材は削減していくべきであるが、過度な削減は清掃職員に過剰な負担を強い、モラールの低下へと至らしめる。清掃職員が尽力すればするほど、与えられたリソースで業務が完結してしまうため、さらなる行政改革の対象となってしまう。

第三は、戸別収集は住民の清掃事業への参加を促進し、地方自治体と共に清掃事業を作り出す意識を高めるような効果が随所に見られる点である。戸建住宅の場合、ごみの排出場所は自宅前であり、排出者が自ずと特定される。仮にごみが残置されると近所から不適正排出者として見られるため、自ずと地方自治体の分別基準を遵守した排出が心掛けられるようになる。戸建住宅のごみには、可燃ごみへの不燃ごみの混入はほとんど見られず、良質なごみが排出されている。一方で単身者が居住するワンルームマンションやアパート等の集積所には、だらしない混入ごみが見受けられる。この点については今後対応すべき課題であるが、大局的な見地からは戸別収集は相対的に排出者の意識を高め、清掃事業への住民の参加を促す形が形成されていくようである。清掃職員が自宅前まで収集しにくるため、「ごくろうさま」と声をかける住民も多い。ごみの分別のみならずこのような清掃職員への声かけ等の応援により、自らも清掃事業の一部を担う立場であるという意識が芽生え、清掃事業への住民参加が促進されていくようでもある。一方で清掃職員は、このような住民の清掃事業の参加によりモラールが高まり、住民へいっそう配慮を施しながら収集サービスを提供し住民の住みやすさが高まっていく状況が作られていく。まさに正のスパイラルにより、住民と行政の意識が高まっていくという形が戸別収集により形成されていると言える。
以上、筆者の清掃体験から見えてきた3点を述べたが、現場での気づきには枚挙にいとまがない。北区の収集現場には週1回のペースで調査に入らせてもらったが、毎回多くの気づきを与えてくれた。その中でも自らが頑張れば頑張るほど、現状の清掃実施体制でも清掃業務が完結してしまい、結果的にさらなる改革によっていっそうの負担が強いられる構造が釈然としない。次の章では、行政改革との関係から清掃事業について述べていきたい。

【注】
9　集積所収集となる王子庁舎では北工が近いことから、1日7台分の作業が割り当てられている。

第3章　行政改革と今後の清掃事業

高齢化が進む清掃職場

2020年11月から週1回のペースで滝野川庁舎に入り、現場作業をともにしながら、奮闘する清掃職員諸氏の献身的な働きぶりを観察させてもらった。毎回の調査では数々の発見、感動、驚きがあり、あっという間に一日が終わっていった。その中でも最初に大きな衝撃を受けたのが、入庁初日に制服に着替えて3階の会議室（詰所）に入った時に見た光景であった。そこに待機している清掃職員は筆者と同じ世代の諸氏がほとんどで、20歳代の若手の姿はほぼ見受けられなかった。よく見ると幾人かの若い方が散在して座っているが、彼らのほとんどは有期契約の会計年度任用職員であり、周りの清掃職員諸氏とは距離を置き、寡黙に過ごしていた。

このような状況になっているのは、北区では2000年の清掃事業の区移管後は採用を行ってこなかったからである。[10] それにより、約100人程度の清掃職員が削減され、その分、業務委託となる車付雇上（しゃつきようじょう）化が進んでいった。滝野川庁舎では軽ダン6台分が車付雇上であるが、王子庁舎ではメインストリームとなる可燃ごみ収集の車付雇上化が進み、総台数の半数にまで及ぶようになってきている。

退職不補充や委託化が推進されていく一方で、その代償として職場を熟知する清掃職員はいなくなる。このことはすなわち、ノウハウの継承不能、業務の質の劣化、さらには近年ますます激しさが増す自然災害への体制構築に問題が生じることを意味する。これを憂慮したからか、北区は2020年4月に5人、2021年4月に6人の清掃職員を採用している。

近年では財政の悪化により地方自治体での行政改革が行われているが、現場の実態や改革が現場へもたらす影響を十分に検討せず改革が進められているように思えてならない。清掃職場の実態を知った者が、委託化に伴い現場で生じる歪(ひず)みを伝えていけば、それにより現場の見える化がなされ、今後行われる継続的な清掃事業の推進への議論に寄与できるのではないかと考える。そこで第3章では、まず、これまでの地方行政改革の経緯を述べ、どのような流れの中で退職不補充の行政改革が行われてきたかを示す。次に、行政改革が清掃の職場で推進されたがゆえ収集作業の現場ではどのような影響が出ているのかを整理する。そしてそれらを踏まえたうえで、現場から見える今後の行政改革の方向性について述べてみたい。

地方行政改革の経緯

①地方行政改革と定員管理の適正化

地方行革の軌跡は戦後間もなくに端を発するが、現在のような地方自治体による行政改革大綱の策定とそれに基づいた行政改革の推進という形となったのは、1985年からである。2度のオイルショックで国・地方とも税収等が伸び悩み、財源が大幅に不足して財政状況が悪化したことにより、行政制度や行政運営に関する基本的事項の調査審議を目的とした第二次臨時行政調査会（第二臨調）が発足した。1983年の「最終答申」には、地方自治体の行財政の合理化や効率化への指摘も含まれており、この答申を受けて行政改革の実行を監視し、具体的な課題を審査・提言する臨時行政改革推進審議会（行革審）が発足し、地方の行政改革についても政府へ勧告した。そして、1984年、第二臨調や行革審の答申を受けた政府は「行政改革の推進に関する当面の実施方針」を閣議決定し、これに基づき1985年、自治省は「地方公共団体における行政改革推進の方針」（「地方行革大綱」）を策定し、各自治体に通知した。この中には定員管理の適正化を含む7つの重点改革項目が掲げられており、その推進を図るために地方自治体に対して「行政改革推進本部」の設置と「行革大綱」の策定を求めた。これを受けた地方自治体は大綱を策定し、行財政全般についての改革を推進していった。

　その後、バブル崩壊後の経済の低迷期の中で、経済、社会、政治、行政システムの大きな転換が必要であるという認識が醸成され、その解決策の一つとして「地方分権の推進」と「地方自治の充実強化」が要請されるようになった。そして、そのための自立的な行政体制の整備確立に向けた自己改革が地方自治体には必要であるという認識に至った。そこで自治省は1994年、「地方公共団体における行政改革推進のための指針」を策定し、地方自治体の自主的・主体的な行政改革を促した。各地方自治体に新たな「行政改革大綱」の策定と進捗管理を求め、それに呼応する形で各自治体は何らかの行政改革大綱を策定するに至った。また、地方分権の推進から、地方自治体が分権の受け皿になっていくにはより一層の行政改革に努める必要があることから、自治省は1997年、「地方自治・新時代に対応した地方公共団体の行政改革推進のための指針の策定について」を通知し、具体的な改革を迫った。

　その後、2001年に発足した小泉純一郎内閣は「聖域なき構造改革」をスローガンとし、「官から民へ」「中央から地方へ」を方向性とする改革を強力に推進した。2004年に閣議決定された「今後の行政改革の方針」で行政改革を構造改革の重要な柱の一つと位置づけると、2005年に総務省は各地方自治体に対して積極的な行政改革に努めるよう、「地方公共団体における行政改革の推進のための新たな指針」を策定した。そこでは、①これまでの行政改革大綱の見直しと、②2005年から5年間にわたる計画となる「集中改革プラン」の策定を求

図表3–1　行政改革を推進するための指針と要請内容

発信元・通知先	通知名等	定員管理に関する主な要請内容
1985年1月22日 自治行第2号 自治事務次官発各都道府県知事、各指定都市市長宛て通知	地方公共団体における行政改革推進の方針（地方行革大綱）の策定について	・行政改革大綱の自主的な策定、公表 ・削減率又は削減数及び計画期間を定めた定員適正化計画の策定・実施 ・定年制度の施行（1985年3月31日）後は、中・長期的な観点から採用計画を策定し、計画的な定員縮減に努める
1994年10月7日 自治行第99号 自治事務次官発各都道府県知事、各指定都市市長宛て通知	地方公共団体における行政改革推進のための指針の策定について	・新たな行政改革大綱の自主的な策定、公表 ・自主的・主体的な定員適正化計画の策定・推進 ・定員状況の公表の推進
1997年11月14日 自治整第23号 自治事務次官発各都道府県知事、各指定都市市長宛て通知	地方自治・新時代に対応した地方公共団体の行政改革推進のための指針の策定について	・行政改革大綱の見直し、各年度の取り組み内容を具体的に示した行政改革の実施計画の策定、公表 ・地方分権の推進に伴う必置規制の改廃に際し、適切な職員配置に努めること ・定員管理の状況及び定員適正化計画の数値目標の公表
2005年3月29日 総行整第11号 総務事務次官発各都道府県知事、各指定都市市長宛て通知	地方公共団体における行政改革の推進のための新たな指針	・新たな行政改革大綱等の策定又は従来の行政改革大綱の見直し ・2005年度を起点とし、おおむね2009年度までの具体的な取り組みを明示した「集中改革プラン」の公表 ・定員管理の適正化計画について、2010年4月1日における明確な数値目標を掲げ、公表する ・市町村合併に伴う一層の定員管理の適正化 ・「団塊の世代」の大量退職に合わせた計画的な職員数の抑制
2006年8月31日 総行整第24号 総務事務次官発各都道府県知事、各指定都市市長宛て通知	地方公共団体における行政改革の更なる推進のための指針	・「行政改革推進法」・「公共サービス改革法」の成立・施行、「経済財政運営と構造改革に関する基本方針2006」を踏まえた一層の行政改革の推進 ・定員純減を2011年度まで継続 ・「集中改革プラン」の数値目標の検証・分析により一層の純減を図る

出典：早川（2006:2）を基に筆者が追記

めた。このプランは、㋐事務・事業の再編・整理、廃止・統合、㋑民間委託等の推進、㋒定員管理の適正化、等をはじめとする9項目にわたる行政改革を集中的に実施していくための計画であり、これらの具体的な改革内容を住民に分かり易く公表するものでもあった。さらに翌年の2006年には、「行政改革推進法」や「公共サービス改革法」が成立・施行され、また、閣議決定された「経済財政運営と構造改革に関する基本方針2006」を受け、総務省は2005年の改革指針に加えて「地方公共団体における行政改革の更なる推進のための指針」を示した。

このように、地方自治体の行政改革は、自治体が主体的に取り組んでいくという形ではなく、どちらかと言えば国の指示・指導のもとで進められてきた。国（旧自治省、総務省）からは、1985年、1994年、1997年、2005年、2006年と5回にもわたって改革の指針が示されており、そこでは絶えず「定員管理の適正化」が要請されてきた。とりわけ2000年代からはNPM（ニュー・パブリック・マネジメント）の影響を受け、指定管理者制度、PFI（プライベート・ファイナンス・イニシアティブ）、地方独立行政法人といった新しい手法での行政改革が要請されてきている（図表3－1）。

②直近の地方行革の推進

直近の地方行革は、国から地方自治体への助言という形で進められている。2015年になされた総務省からの助言「地方行政サービス改革の推進に関する留意事項」では、厳しい財政状況において、人口減少や高齢化の進展、行政需要の多様化といった社会経済情勢への変化に対応するため、質の高い公共サービスを効率的・効果的に提供していくための改革を進める必要があると指摘している。そして、その際には①行政サービスのオープン化・アウトソーシング化、②地方自治体情報システムのクラウド化の拡大、③公営企業・第三セクター等の経営健全化、④地方自治体の財政マネジメントの強化、PPP（パブリック・プライベート・パートナーシップ）／PFIの拡大、に留意した業務改善が要請されている。とりわけ①では、具体的な手法として民間委託の推進、指定管理者制度の活用、地方独立行政法人制度の活用、窓口業務や庶務業務の集約化などが掲げられている。特に民間委託の推進については、提供されるサービスが日々進化を遂げているとの認識のもと、職務内容が民間と同種又は類似したもので民間委託の進んでいない事務事業に対する委託可能性の重点的な検証や、臨機応変な指示が必要な業務であっても仕様書の詳細化や定型的な業務との切り分け等による委託化の検討を求めている。

この2015年の留意事項には、「定員管理の適正化」というお馴染みの言葉は見当たらず、当時推進されていたアベノミクスの効果を高めていくために、これまで地方自治体が抱えていた仕事の民間への移管、すなわち公共の仕事の民間化によりGDPを上昇させる意図が見てとれる。民間への業務委託が善であることを前提として、サービスの質については一定の留意事項[11]があるものの特に問題にせず、全体を通して受託を受ける民間企業の提供する公共サービスは当然質が担保されているとして改革指針が定められているといえる。

③地方行革における定員管理の適正化と地方公務員数

定員管理とは、「組織体を構成するすべての人員の適正な配分を維持するために必要とされる条件を整備し、運用するための管理過程」で、「国民負担の増加抑制に留意しつつ、貴重な人材を活かすために、『最小の職員数で最大の効果を挙げるようにすること』」（地方公務員定員問題研究会編 2003: 13）が目的と言われる。一例として、「行政の需要に応じて、職員の増減を行い、又は定員の変更などについて適正に統制することである。管理のための手法としては、民間委託、事務の統廃合・縮小、退職者不補充、新規採用抑制、職員の職種転換など」（早川 2006: 1）が示されている。つまり、定員管理とは行政の需要に応じて必要な人員を確保し、少数精鋭かつ能率的に対応することを指すのである。当然、削減のみならず必要に応じた増員も視野に入れるべきである。しかし、これまでの日本の行政改革での「定員管理の適正化」とは定員削減と捉えられ、地方自治体は公務員減らしを意味する言葉として受け止めてきた。

この定員管理は、地方公務員制度と関係するものの、行政の効率的な運営という点から行政管理の問題となる。２０２１年3月に発表された「地方公共団体定員管理調査結果」によれば、

図表3-2　地方公共団体の総職員の推移

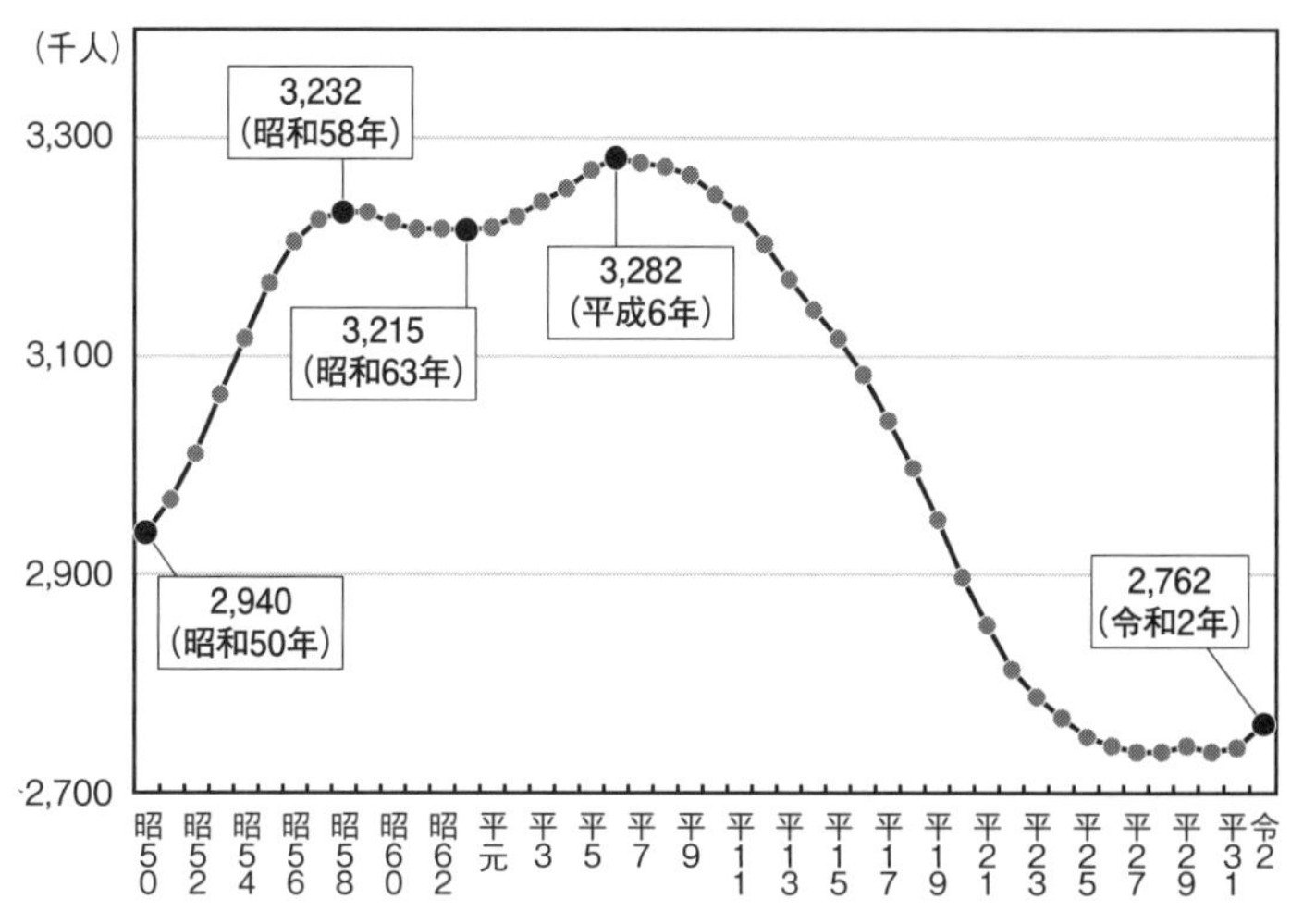

出典：総務省自治行政局公務員部給与能率推進室（2021:10）

2020年4月1日現在の全国の地方自治体の総職員数は276万2020人である。前年度の274万653人から2万1367人増加し、1994年をピークに減少し続けてきた状況から一転して増加傾向にあるが[12]、総職員数の調査が始まった1975年の294万人からは18万人近く少なく、ピーク時の1994年の328万人からは約52万人も少ない水準にある（図表3－2）。なお、増加した約2万1000人の内訳は、教育部門で特別支援学校・学級の体制強化等で約1万3000人増、一般行政部門（一般管理・福祉関係）での防災・減災、地方創生、子育て支援、生活保護等への体制拡充で約5000人増、消防部門での救急体制の拡充で約700人増、公企業等会計部門における病院の再編整備や診療機能の拡充により約2300人増となっている。

社会の進展により行政需要は多様化・深化している。増加傾向にある事務量に対応するためには自ずと職員数も多くなる。しかし、退職者不補充を基本として少ない正規職員で運用していくためには、民間委託を実施して業務を組織外に出す、あるいは臨時・非常勤職員[13]の採用によって対応していかざるを得ない[14]。近年は残業時間の縮減にも取り組まなければならないため、正規職員ですらあふれた仕事を汲むこともできない。こうした状況から、正規職員は住民の見えないところでサービス水準を切り下げながら多量の業務をこなしているのではないかとも推測されている（金井 2010: 147, 161-162 参照）。

④集中改革プラン期における定員管理の適正化

先述のとおり、これまで国は地方自治体に対して行政改革を推進するための指針を通知し、継続して定員管理の適正化を要請してきた（図表3－1参照）。その中でも、とりわけ「集中改革プラン」の概要について要点をまとめておきたい。

総務省は、2005年に策定した「地方公共団体における行政改革の推進のための新たな指針」に基づき、地方自治体ごとに新たな行政改革大綱等を策定し、2005年度から2009年度までの5年間の具体的な取り組みを明示した「集中改革プラン」を公表するよう求めた。また、定員管理の適正化計画については、2010年4月1日における明確な数値目標を掲げ、公表するよう要請した。数値目標の設定にあたっては、過去5年（1999年〜2004年）の地方公務員数が4・6％純減していることや、今後の市町村合併や民間委託の推進が見込めることから、過去の実績を上回る総定員の純減を求めた。

そして、2006年に施行された「行政改革推進法」において、2005年4月から2010年4月までの5年間に地方公務員数の4・6％以上の純減を達成するよう、地方自治体に厳格な管理を要請した。さらに、2006年7月の閣議決定を踏まえて8月に策定した「地方公共団体における行政改革の更なる推進のための指針」において、総務省は地方公務員数を2011年度までの5年間で国家公務員の定員純減（5・7％）と同程度削減するよう地方自治体に要請した。

これにより、地方自治体は当初の目標である6・4％を上回る7・5％の職員削減を実現させた。削減にあたっては、①団塊世代の退職時には新規採用を見送るという退職者不補充、②民間委託、指定管理者の活用、地方独立行政法人等によるアウトソーシングによる事務事業と組織の見直し、③定員としてカウントされない臨時・非常勤職員の活用、といった手法が採用された。とりわけ②については、清掃・警備、公用車運転、給食、ごみ収集などの多くの分野で採用され、定員削減に大きく寄与した（西村 2018: 9-13 参照）。

このように、集中改革プランによって各自治体は厳しい定員削減を進めていく必要があった。もっとも、地方公務員総数の約3分の2は国が定員に関する基準を定めている警察・消防・教育・福祉関係部門の職員であるため、地方自治体は残り3分の1の一般行政部門において上記の厳しい目標を達成しなければならなかった。そればかりか、当時は教育を除く警察・消防・福祉関係は増員が求められていたため、一般行政部門のさらなる削減が必要であった（西村2018: 8参照）。とりわけ現業部門は委託化が容易であったため、集中的に削減対象となった。

東京都北区における行政改革の経緯

東京都北区での行政改革は、先述した地方行政改革の経過に沿う形で、国が地方自治体に示した改革の指針に従いながら、独自の行財政改革と組み合わせて実施されてきた（図表3－3）。国の改革指針に従った行政改革として、1985年の北区行政改革大綱、1995年の第二次北区行政改革大綱、1997年の北区役所活性化計画、2005年の北区経営改革プラン、2007年の北区経営改革プラン［修正版］、の策定が確認できる。

現在の区長の花川與惣太（はなかわよそうた）氏は2003年4月に当選してから5期を迎えるが、就任後に長期総合計画を「北区基本計画2005」に改定した。当該計画に基づく行政運営を行うにあたり、低経済成長、厳しい財政状況、少子高齢化による需要の増大、小泉内閣が推進する三位一体改革、地方分権、規制改革、団塊の世代の退職、公共施設の更新需要、といった内外の環境が大

図表3–3　北区の行財政改革の経過

1985年10月	北区行政改革大綱
1995年3月	第二次北区行政改革大綱
1995年8月	北区役所活性化計画（平成7年度～9年度）
1997年12月	北区役所活性化計画（平成9年度～11年度）
1999年8月	北区緊急財政対策（平成12年度～14年度）
2000年9月	北区区政改革プラン（平成13年度～14年度）
2005年3月	北区経営改革プラン（平成17年度～21年度）
2007年3月	北区経営改革プラン［修正版］（平成19年度～21年度）
2010年3月	北区経営改革「新5か年プラン」（平成22年度～26年度）
2010年9月	緊急的な財源対策と財政健全化に向けた方針（平成22年度～26年度）
2012年3月	北区経営改革「新5か年プラン」（平成23年度改定版）
2015年3月	北区経営改革プラン2015（平成27年度～31年度）
2020年3月	北区経営改革プラン2020（令和2年度～4年度）

出典：「北区経営改革プラン2020」を筆者が修正

きく変化する中で将来にわたって区民サービスを安定的に提供するために、「北区経営改革プラン」を策定した。そこでは、①基本構想の実現、②基本計画の資源調達、③次世代につなぐ健全で安定的な行財政運営の確保、が位置づけられ、持続可能な行財政システムを構築するために区政全体の資源配分が行われていった。[15] その方向性として、㋐区民とともに、㋑外部化を基軸とした事務事業の見直し、㋒適正な資源管理と行財政システム改革、が掲げられた。とりわけ㋑については、「北区基本構想」において「計画的・効率的な行財政運営の推進」が掲げられ、効率的な公共サービスの提供策として民間事業者・区民との役割分担、積極的な民間活力の活用などが定められているため、官民双方のノウハウ・専門

図表3-4　北区清掃職員数

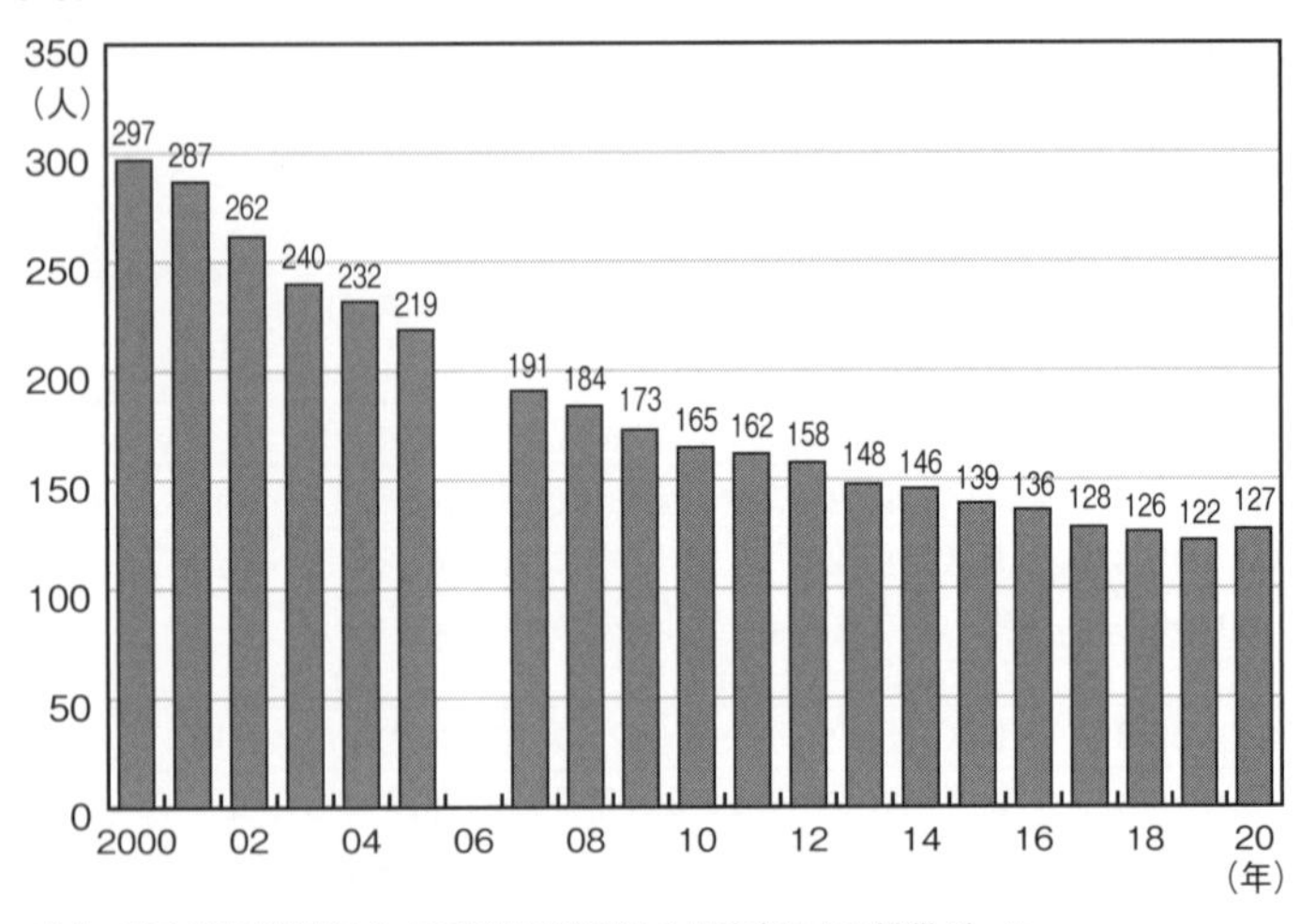

出典：東京清掃労働組合、東京清掃労働組合北支部からの提供データ
註：人数は東京清掃労働組合が毎年実施する総会において組合員であった人数を示す。
なお、2006年度は総会が開催されなかったため記録が残っていない。

性を最大限活かした外部化を慎重かつ大胆に推進する基軸が謳(うた)われた。

　経営改革プランの実施にあたっては、㋐㋑㋒の３つの方向性から区政全般の経営改革の年度別計画が策定され、それを実現していく形で進められていった。区政全般で経営改革が行われていく中で清掃部門では、㋑の中の「仕事の進め方を見直す」枠組みにおいて「収集運搬業務の効率化」が掲げられ、「収集運搬業務の効率的運営体制を整備し、清掃業務の技術系職員は退職不補充とする」とされた。そして、２００７年度までに今後の運営のあり方を策定し、２００８年度からの効率化の推進が定められた。[16]

　この方針は、その後策定された経営

改革プランにも継承されていった。２０１０年の経営改革新5か年プラン、２０１５年の経営改革プランにも清掃業務の技能系職員の退職不補充が明記され、２０１９年までの効率化の実施が定められた。これらの経営改革プランは揺るぎない方針であると位置づけられていたため、労使交渉で労働組合側が人員の補充をどれだけ要求しても退職不補充は堅持され、清掃職員は年度ごとに削減され続けた。そのため、清掃職員は２０００年の２９７人から２０２０年の１２７人まで削減された（図表３－４）。これらの「経営改革プラン」と他方で策定されていた「職員定数管理計画」による行財政改革の取り組みにより、持続可能な行財政システム構築への資源配分に貢献する一助となった。

しかし、生活環境部で検討を続けてきた結果、２０２０年に区として初めての清掃職員の採用を行うに至った。そこには、清掃職員の高齢化、清掃事業の技術継承、自然災害への対応、収集作業員や技能長の育成、需要増加が見込まれる「ふれあい訪問収集」等の直営でしかできない事業への対応、今後の新規事業開始に向けての人材確保等を内部で総合的に検討し、その結果、最終的に区長の判断で採用が実現したという背景があった。なお、「経営改革プラン２０２０」には、これまで継続してきた退職不補充は掲載されていない。

退職不補充による清掃現場への影響

先述のとおり、北区ではこれまで人員削減が行われ清掃職員の新規採用を行ってこなかった。2020年に5名が入庁したが、退職者に見合うだけの清掃職員は補充されず、また監督職となる技能長への昇進により現場を離れる者もいるため、清掃現場における収集計画に見合った人員は満たされず、辛うじて現状維持ができたに過ぎない。

これまでの合理化、人員削減、予算の削減等の結果、収集の現場にしわ寄せが及んでいる。一般的に退職者不補充に伴う業務委託による影響として、行政の目が行き届かなくなる「業務のブラックボックス化」があると指摘されるが、それ以外にも様々な影響が清掃の職場で生じている。ここでは、退職不補充の期間を清掃職場で過ごしてきた清掃職員の方へのヒアリングをもとに、清掃行政の継続性の観点からどのような影響が生じたかを整理する。

①清掃職員のモチベーションの低下

18年にもわたり新人が入ってこない状態は、清掃職員のモチベーションの低下をもたらした。新人は組織に新風を吹かせる役割もあるがそれが機能せず、既存清掃職員への後輩からの刺激は無くなり、職場の活気が薄れていく時期を歩むようになった。

通常、新人と接する年長者は、新人への教育を通じて自らも学び成長を遂げていく。また、後輩から見られる立場となる年長者には相応の自覚が芽生え、職場の継続や発展への思考を巡らせるようになる。しかし、新人が入ってこないため年長者への後輩からの刺激はなくなり、広い視野から自らの業務を捉えるというよりも、与えられた業務をしっかりとこなしていくという発想や意識が広がっていった。それとともに、今後のあるべき清掃事業を展望するという意識も相対的に薄れていった。そして、毎年のように直営車が削られ車付雇上化していく現状を憂え、自らの収集業務がなくなり清掃指導に変えられてしまうのではないかと危惧するようになり、二度と業務が直営側に戻ってこないことを前提に、仕事がきつい収集現場を車付雇上に出し直営職員が身軽になっていくことも考えられていった。その結果職場には、「ごみをもれなく収集すれば良い」、「一日の仕事が無難に終われば良い」といった自己完結的な雰囲気が大勢を占めるようになっていき、「住民のための清掃サービス」という視点から自らの仕事を発展させていくような思考は芽生えにくくなっていった。

ところが、幸いにも2020年に退職不補充を止め新人を採用する方針となり、清掃職員が想定していた前提が覆される状況に置かれるようになった。これまでの意識や仕事への姿勢を変え、新人を育成し清掃職場を維持していく方向性が求められるようになった。しかし、年長者が年齢の離れ過ぎた新人と密にコミュニケーションを取ることは難しく、また、年長者として新人を指導する意識へと一朝一夕には変われないため、中にはこれまでの仕事への姿勢のままで新人指導をする者も出てしまった。その結果、新人を育成し組織が活性化していくよりも、新人の組織への同化が進んでいき、これまでの職場の雰囲気と変わらぬままとなっていった。

長年にわたる清掃職員の退職不補充により、持続可能な行財政システムを構築するための資源配分の一助にはなったが、その代償として清掃組織は均(なら)されていない年齢構成となり、業務を無難にこなす雰囲気が蔓延(まんえん)し、清掃事業を清掃部門から内発的に発展させていく土壌が涵養(かんよう)されなくなってしまった。まさに長期的な退職不補充が、金額には換算できない価値を持つ清掃組織の資産を滅失させてしまったと言える。当該損失は数値として認識されないため問題とはなりにくいが、今後の経営改革を検討する際には認識しておくべき点となろう。今後は継続して退職者に見合う新人を採用し組織のリフレッシュを行いながら清掃職員全体のモチベーションの底上げを手掛けていく策が、次の経営改革の手段となると推察される。

②年配清掃職員へかかる過度の肉体的負担

以前の収集体制は年配者と若手がペアを組み、お互いがフォローしあう形で収集業務が展開されていた。すなわち、年配者はごみを積み込みながらも自身の経験を活かして若手を指導して人材育成を行い、収集現場での業務が円滑に進むように住民への対応、クレームへの対応、連絡なく行われる工事、といった現場で生じる不測の事態へ対応する役割を担っていた。一方若手はそのような年配者の対応方法を横で学びながら、年配者の肉体的負担を軽減させるためにより多くのごみを積み込み、安心して仕事を覚えていく形で業務が進められていた。このようなインフォーマルな役割分担により、年配者の負担は軽減され、怪我が防がれていった。また、若手の人材育成にも寄与し、ノウハウが継承され、次世代の清掃行政を担う職員が組織的に育成されていく形が確立されていた。

しかし、人員削減により若手が入ってこなくなると、そもそものような運用体制とはならず、若手の年齢が上がっていき、年長者が年配者を支える形へと変化していった。その結果、年齢以上の負担が年長者や年配者にかかるようになり、以前は腰痛になる職員は比較的少なかったが、近年は当たり前となり目立つようになってきた。また、温暖化の影響もあるが、以前は熱中症で具合が悪くなる職員が年間に1人か2人程度であったが、近年は暑さで動きが悪くなる人が目立つようになってきた。

このように合理化や予算削減による退職不補充の影響は、現場で働く清掃職員へとしわ寄せが及び、清掃へ従事する人材を摩耗させ、実行体制を脆弱化する結果へと至らしめた。年齢とともに肉体的なパフォーマンスは低減していくため、加齢すればするほどさらなる力を足さない限り、同量の作業量をこなすのは難しい。まして社会的ニーズの多様化に伴い、清掃現場に求められるニーズも多様化していく中では、より多くの負担が平均年齢の高い清掃職場にかかっていく状況となる。平均年齢が高くなっていくにつれ、新規業務の遂行や不測の事態への柔軟な対応は実施困難な状況となるため、機動力が十分とは言えない現業職を擁する状態へと化していく。

③清掃業務執行体制の複雑性とコンプライアンスへの懸念

退職不補充を推進すると、提供する清掃サービスの全体量は変わらないため、自ずと抜けた穴を民間業者を活用した業務委託（車付雇上）で埋めざるを得なくなる。よって清掃職場には、清掃協議会を通じて派遣されてきた複数社にわたる車付雇上が入ってくるようになる。収集業務では、当日の業務全体を職員がフォローしあいながら完遂させていくため、車付雇上も収集計画全体の中に組み込み、直営の清掃部隊と一体的に運用する必要がある。よって、収集の現場では車付雇上に現場の一部を切り出し、その分担部分の業務を完遂してもらう形となる。

しかし、委託した現場で一時的にごみが多く排出され、車付雇上だけでは取り切れない状況となる場合は、住民サービスの低下を招かないようにするため、清掃職員側で業務をフォローする体制をとらざるを得ない。午前の作業が終わる頃に車付雇上の作業員に進捗状況を尋ね、遅れている場合は昼からの作業でフォローするため現場レベルで収集箇所の調整を行わざるを得ない。よって、現場において車付雇上の作業員の方々とコミュニケーションをとる必要がどうしても生じてしまう。

この現場レベルの調整は、直営で収集業務を完遂する際には何ら問題にならないが、業務委託との関係では、指揮命令系統を厳密に整理する観点からは非常に判断が難しくグレーな領域に関わる行為であると言える。というのは、委託業者とは業務の完成を目的とした請負契約を結ぶため全面的に業務を任せる必要があり、雇上会社は受託した業務の「結果」に対して責任を負う。よって、現場で作業をする労働者の管理責任の所在を明確にする目的からは、現場では発注者（清掃職員）は受注者（車付雇上の作業員）に対して作業の指示を与えられない。仮に指示を与えれば「偽装請負」となる。

しかし、清掃現場の実態に鑑みると、法律が求める形の忠実な適用は非現実的であり、収集作業に混乱を生じさせ、住民サービスの低下を招く。状況に応じて現場レベルで一定のコミュニケーションをとって進めなければ、全ての作業は完遂されない。退職不補充により年々車付雇上が増加し、複数社にわたる業者を収集計画に組み込み、法令を遵守しながら業務全体を統括的にマネジメントしていくことには課題が多い。

これらに対応するため北区では、厚生労働省東京労働局を訪問して様々なパターンを提示し、「偽装請負」と判断されないことを確認した上で作業に当たっており、日々「業務日誌」「車付雇上の作業チェック表」による確認を行っている。

④新たなニーズに対する組織的対応力の脆弱性

これまで区政全体の資源の最適化のために各部署で経営改革が行われてきた。いわば乾いた雑巾を絞る形で知恵を出し工夫を重ね可能な限りの効率化を推進してきた。その結果、区全体として新たな行政需要に見合う原資が捻出され、それに見合った行政サービスが提供されてきた。

しかし、清掃職場に目を移すと、長期にわたる退職不補充はいわば「行き過ぎた改革」になったようであり、既存の業務を運営する人員は確保できてはいるが、新たなニーズに迅速に対応するのは難しい体制となってしまった。また、長期にわたる退職不補充により世代間のコミュニケーションが十分にとれず、不測の事態に一丸となって即座に対応していくための十分なチームワークの醸成が課題となっているように見える。

住民の多くは、排出するごみがいつものように収集されていくため、組織内の状況の変化は分からず、これまでどおりの収集サービスが今後も受けられると思うかもしれない。しかし、今後、社会の進展や不測の事態により新たな清掃ニーズが生じても、余裕のない組織に今まで以上の清掃サービスやそのさらなる質的向上を期待することは難しいと認識しておくべきであろう。

北区では2020年から清掃職員の採用を再開したが、人材を入れればすぐに育成されるわけではない。その育成には現場で仕事を覚え経験を積む一定の時間を要する。収集サービスを組織的に維持していくためには、今後も退職者分の人員を採用し、育成を続けていかなければならない。そうでなければ、組織的な機動力・対応力は低下し続ける。いつ大規模な自然災害が起こるか分からない状況であるが、組織的対応力が回復していくまでの間に起こらないことを祈るしかない。

行政改革の方向性への視点

東京23区では、2000年に清掃事業が都から区に移管された。その後は区独自の収集業務が展開され、地域ごとの事情に合った収集が実施されており、いわば23通りの清掃行政が展開されている状況にある。どの区においても限られた財源で事業を行っているため、どうしても経費削減型の行政改革を行わざるを得ない。その結果、各区の清掃部門では清掃車の減車を行うようになり、一台当たりの収集エリアは広くなり、ごみの積み込み量も比較的多くなっている。

第2章でも述べたとおり、ごみの多い週明けや年末年始の作業では、小走りしなければ割り当てられた量を所定の時間内に積み込めない。筆者が滝野川庁舎で収集業務を体験するようになってからずっと、一緒に作業をする清掃職員の方は小走りで手際良く収集を行っていく方ばかりだった。よって筆者はそれが滝野川庁舎の収集文化なのだと考え、同じように小走りで収集業務を行っていた。

しかし、その後一緒に作業した入庁18年目となる38歳の清掃職員の方（以下、「A氏」[17]）は、一切走らずに収集作業を続けていた。筆者は不思議に思い、A氏に何故走らないのか尋ねた。すると、まさに今後の行政改革の方向性を明示する回答が返ってきた。

「急ぎながら仕事をすると怪我につながることもあるが、それ以上に、自分は区役所へ行かなくても会える区の職員でもあるので、困りごとを抱える住民に自らができることがないかを考え収集作業を行っている。以前、収集中に熱中症で頭から血を流して倒れている女性を見つけ助けたこともあるが、自分の持っているスキルを活かし、住民の安心した暮らしに役立てたいと思っている。よって、忙しくせかせか動いていると話しかけ辛い雰囲気を出してしまうので、なるべく住民が自分に話しかけ易くなるように小走りはせずおおらかにゆっくりと作業をするように心掛けている。」

この点についてさらに掘り下げて尋ねてみたところ、A氏自身も入職した当初はごみを積み込むだけが仕事であると認識していたが、仕事を進めていくうちに清掃職員である自らに対して区への質問や要望があり、時には駅や郵便局や接骨院への道順までも聞かれる機会が意外に多く、住民からごみ収集以外でも色々と頼りにされていることに気づいたという。それ以降、自分が区の職員として何かできることはないかと考えるうち、住民との対話が必要であると感じるようになった。そして清掃職員それぞれが持っている技能や能力を活かし、住民の安心・安全な暮らしに寄与したいと思いながら業務に勤しむようになったと述べた。

また、A氏がこのような思考になっていったのは、当時一緒に作業に当たっていた先輩B氏の影響も大きい。労働組合の青年部の取り組みとして先輩B氏と共に、ごみに被せる防鳥ネットを綺麗に畳んで置いていくサービスを提供していた。畳んで置いておく方が住民も気分が良いだろうという考えのもとに実践していた。人員削減が進められていく中では、全ての清掃職員が現場で防鳥ネットを畳むサービスを提供することは難しく、区の清掃サービスとしては根付かなかった。しかし、先輩と共に住民目線で清掃サービスのあり方について思考を巡らせた経験が、その後のA氏の行動の規範となっていったと推察される。

筆者は前著の出版後から清掃の講演を依頼されることが多くなったが、毎回の講演で「現業職員の価値」について繰り返し伝えている。人員削減により委託化が推進されていく昨今においても、定型業務しか行わないでいると、その仕事は委託業者でもできる仕事に過ぎなくなり、さらに委託化が推進されていくようになる。そうではなく、住民ニーズを汲み取りながら委託業者ではできないサービスを自ら考えて業務を推進すれば住民満足度の向上につながり、それが自らの職を守るだけでなく、さらには住民にとって必要不可欠なサービスとなり、定員を増員させる動きにつながる可能性があると伝えている。筆者は以前に体験した新宿区の作業現場での経験から以上の結論に至ったが、まさにいま目の前で話をされたA氏も同じ境地に達し、率先してその実践に努めていることに、筆者は大きな感動を覚えた。

A氏と一緒に仕事をしている時に見た光景を一つ紹介してみたい。年末でごみの量が多くなり手際良く作業を進めていた状況において、ある住民がたまたま住居の窓越しからごみ収集中の我々に対し「年末の収集日はいつまで?」と尋ねた。積み込み作業中であったため、清掃車を運転する委託業者の運転手が住民に丁寧に答えたが、作業が一段落した際にA氏は収集をいったん中断し、清掃車から案内ビラを取り出して当該住民宅を訪れ、詳細な説明を始めた。説明を受けた住民は大変感謝し何度もお礼を述べていた。些細なことではあるが、このような対応を通じて住民の行政への信頼が堅固なものとなっていく。ちょっとした気遣いが住民の満足度を向上させ、清掃行政のみならず区行政への協力者を増やす流れが生み出されていく。その現場を筆者は間近で見ることができた。

これまでの行政改革は人員等を「削減」していく方向性であったが、このような光景に鑑みれば、筆者の目の前で展開していた清掃職員の仕事の進め方こそが真の「改革」なのではないだろうか。つまり、清掃職員は住民に近い場所で仕事をしているため、住民とのコミュニケーションをとる機会が多くなる。そこから住民ニーズを汲み取るとともに、住民のために自らができることを思考し、それを積極的に実践していくように清掃職員全体のモチベーションを底上げしていくことも「改革」となる。よって、そうなるための研修や職場の雰囲気づくりが管理者、監督者には求められてこよう。

今後の清掃職場の行政改革のあり方

わが国におけるこれまでの地方行政改革は、厳しい財政状況の中でも住民サービスを向上させていくために、限りある資源を前提に事務事業の削減を行ってきた。しかし一方で必要な事業に対しては資源の配分を行ってきた。これを清掃職場から見れば、人員や機材が削減されてきたので、いわば「削減のみの改革」であったと受け止められてきた。

しかし、必要な事業には資源の再配分を行ってきた行政改革の論理に鑑みると、清掃職場は現状のサービス提供水準の維持に甘んじ、多様化する住民ニーズの発掘やそれを基にした新たなサービス提供に向けた政策形成への発信が疎(おろそ)かだったという面も指摘される。当然ながら収集業務は基本であり、それをしっかりと維持していくことが最大の住民サービスになるのだが、地方自治体が行政改革により経営資源の適正配分を行わざるを得ない状況に置かれている限り、その資源の再配分の論理に沿わず定型業務のみを継続させていくことは、自ずと削減される立場に留まることを意味する。

社会の進展に伴い住民ニーズが多様化している状況において、清掃行政に求めるニーズも多様となってきている。近年では、ごみの排出が難しい高齢者や障がい者等を対象として、安否確認も兼ねた「ふれあい収集」を福祉部門と連携して行うようになってきているとおり、人口減少や少子高齢化に伴うニーズに対して、既存の行政リソースを組み合わせた新たなサービスを提供する流れが生まれている。よって清掃部門は、多様化する住民ニーズに対応する新たな清掃サービスを現場目線で考案し新たな施策や事業を提案する流れを創出していくことが、「削減のみの改革」から抜け出す道であり、住民目線の行政改革でもあり、今後の清掃職員の資質として問われてこよう。

一方、清掃リソースの大きな柱となる清掃職員は、普段の作業を通じて街の様子をよく観察し、リアルタイムの情報を摑んでいる。収集職員は収集作業の傍らで周辺の状況を把握し微妙な変化を認識するとともに、住民と交わす会話からも住民ニーズを把握している。また、運転職員も道路の状況を確認し道路脇の不法投棄されたごみを見つけており、地域の治安の変化のサインをウインドウ越しから把握している。このように清掃職員は自らの業務を遂行する過程において、街中の状況をつぶさに点検している。

このような機能も有する清掃リソースを前提として、今後の清掃事業のあり方や何を清掃サービスに求めるかについて、住民と共に議論を深めていく場を構築していくことも今後の清掃部門における行政改革になるのではないか。そのためには、行政サイドでは、いわば「行政のアンテナ」とも言える清掃リソースの価値を評価し、収集した情報をどれほど活用していくかを積極的に検討していく必要がある。清掃以外の部署が、清掃部門が収集する情報を利用して現状をリアルタイムに把握していけば、住民ニーズに合った施策や事業の提案へより近づけると考えられる。「宝の持ち腐れ」とならぬよう、貴重な情報収集機能の活用策を検討していくことが行政改革となっていこう。[18]

人事の仕組み上、行政職と現業職とは役割分担がなされている。現業職はいかに単純労務作業の枠組みを脱し、自らの業務に付加価値をつけていくかが問われている。一方で行政職には、自らが持つ総合的な視点で街の現状や住民ニーズを把握し、それを基にした施策や事業を考案していくといった資質が問われている。これらとともに住民には、清掃について理解を深め、適正な排出を行いながら清掃職員とコミュニケーションをとり清掃に参加し清掃サービスを創造していくことが求められていると言える。これらの3つの役割が有機的に結びついていく時に、地方自治体の施策や事業は質の高いものとなり、住民満足度は向上し、清掃行政の行政改革がより充実したものとなる。

削減のみが行政改革ではない。行政資源の再配分も行政改革である。今ある行政リソースをいかに活用して住民が必要とする新たな公共サービスを提供していくかに考えを変えていくべき時期だと言える。そうすればより住みやすい地域が創造され、住民の満足度も向上するばかりか、住民福祉が向上していく流れも生み出されてくる。今後の地方行革がこのような方向に変化していくことを切望する。

【注】

10 2000年～2006年は清掃事業の区への移行期間であり、東京都で採用した職員を区に派遣していた。2002年に北区に派遣された新人職員が最後であった。なお、東京都から北区に派遣されていた清掃職員は2006年に身分移管され区の職員となった。

11 「委託先の事業者が労働法令を遵守することは当然であり、委託先の選定に当たっても、その事業者において労働法令の遵守や雇用・労働条件への適切な配慮がなされるよう、留意すること」「委託した事務・事業についての行政としての責任を果たし得るよう、適切に評価・管理を行うことができるような措置を講じること」と書かれている。

12 地方公共団体の職員数は、1983年までは教職員増や民生部門の充実により増加した後、1984年から1988年にかけて減少していった。しかし、再度1989年からは公共投資や地域福祉・医療の充実により1994年までは増加していった。それ以降は減少傾向を辿っていたが、2017年に23年ぶりに増加することになった。2018年は減少したが、その後は増加傾向にある。（総務省自治行政局公務員部給与能率推進室：2021参照）。

13 現行制度では、会計年度任用職員と臨時的任用職員がこれに該当する。なお、会計年度任用職員は、2020年4月施行の改正地方公務員法および地方自治法により、これまでの一般職非常勤職員に代わるものとして導入された経緯がある。これは地方自治体の非正規職員の待遇改善を目的としているが、実際にはあまり効果が発揮されていない状況にある。詳しくは湯浅（2019）を参照されたい。なお、一般職非常勤職員、臨時的任用職員といった非正規職員についての詳細については、上林（2015）が詳しい。

14 臨時・非常勤職員の採用は、総務省のＨＰ「地方公務員の臨時・非常勤職員に関する実態調査」(https://www.soumu.go.jp/menu_news/s-news/01gyosei11_02000078.html）によると、２００５年の45・6万人から２０１６年の64・3万人へと約19万人も増加している。

15 したがって、経営改革は削減のみではなく、必要な箇所には予算を付け、新たな行政需要に対応していくことが大きな目的となる。

16 ２０００年に東京都から23区へ清掃事業が移管されたが、それに先立つ１９９９年に北区の基本構想が定まりその実現のための経営改革プランが後に定められた流れに鑑みると、先にできた経営改革を行う大きな枠組みの中に後から清掃事業も組み込まれていった様相を呈する。

17 なお、このA氏が、２０２０年に新規採用が行われるまで一番若い職員であった。

18 江戸川区では清掃事業を「江戸川区全体のアンテナ」と位置づけ、収集した地域情報を各部署と共有して区政に有効活用していくために、各部署とどのように連携できるかについて調査している。防災では防災行政無線の補完や被災状況の把握が、土木では道路の損傷や交通情報の把握が、教育では登下校時の子どもの見守りが、広報では清掃車両を活用した情報発信（ラッピング等）が、環境衛生では民泊施設の情報共有が、福祉では熟年者や障がい者の生活情報の把握が、それぞれ挙げられている。

第4章　コロナと清掃行政

インフラ基盤としての清掃

新型コロナウイルスへの感染が拡大し、社会に深刻な影響を与え始めてから1年以上が経過した。これまで感染拡大の防止のため緊急事態宣言が発出され外出自粛が要請されてきたが、その一方で社会にとって必要不可欠な公共サービスは継続して提供されてきた。そのうちの一つが清掃事業である。この清掃事業が止まってしまえば、私たちの衛生的な生活はたちまち立ち行かなくなる。ごみが街に溢(あふ)れかえり、散乱し、異臭が漂い、蛆(うじ)などの害虫が発生し、ネズミが繁殖する等、私たちは衛生的な生活を営めなくなる。清掃事業は私たちの生活に必要不可欠なインフラ基盤となっている。

このような特徴を持つ清掃事業であるが、現在問題なく遂行されているかというと、そうではない。これまでにも示したとおり様々な問題を抱えながらも、状況に応じて自らのリソースをいわば自由自在に変化させて対処していく現場の努力により清掃サービスが提供されている。

図表4-1　23区のごみと資源の流れ

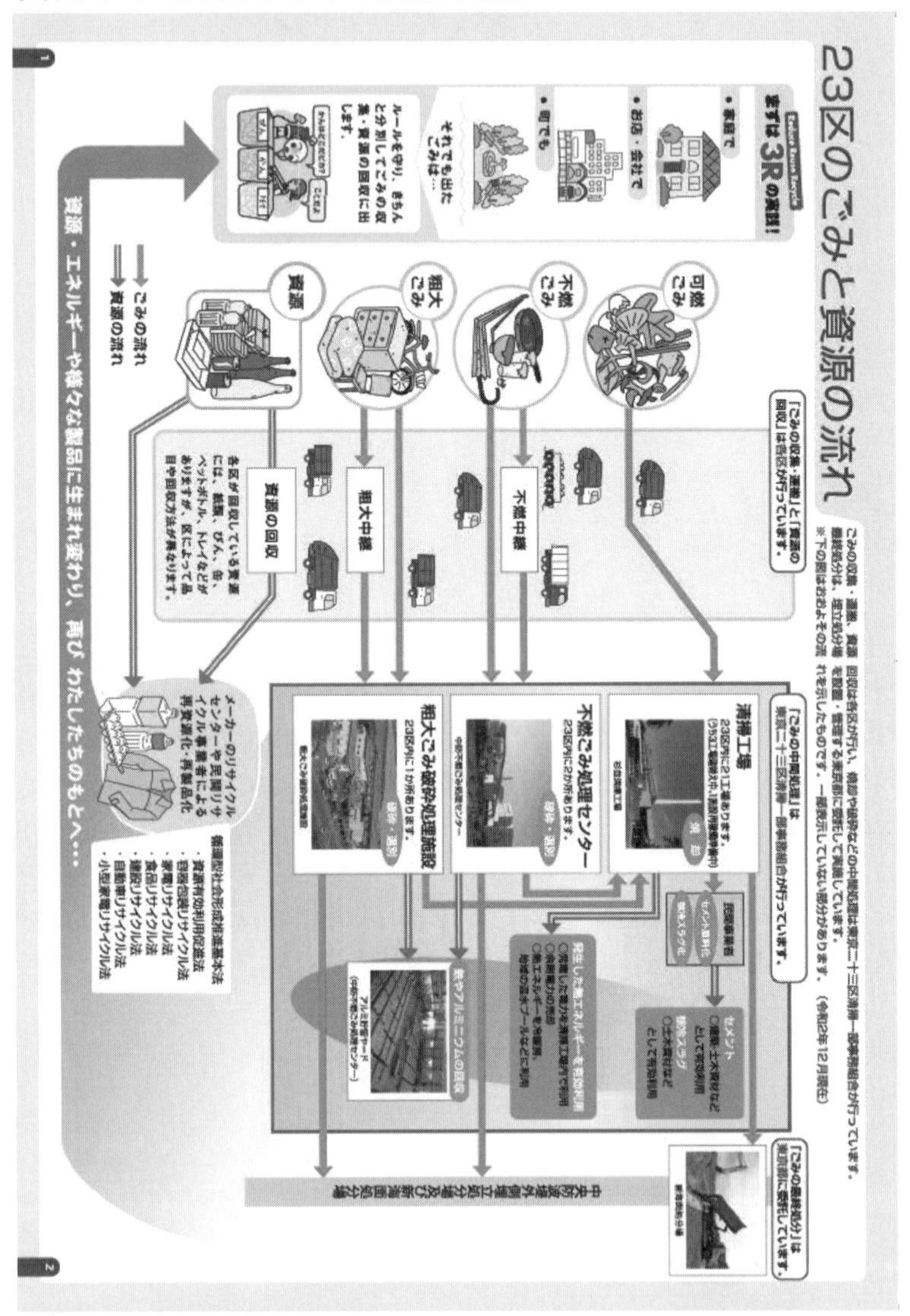

出典：東京二十三区清掃一部事務組合（2020: 1-2）

新型コロナウイルスの蔓延(まんえん)は、これまで潜在していた重要な問題を顕在化させ、今後の清掃行政のあり方を考えていく機会を与えたとも思われる。

このような状況を踏まえ、第4章では東京23区を事例として、緊急事態宣言下での清掃事業の実施状況を述べるとともに、そこから浮かび上がる課題を抽出し、コロナ収束後の清掃事業のあり方について検討を進めてみたい。

なお、23区の清掃行政は、独特の形で運営されており、各区が収集・運搬を、東京二十三区清掃一部事務組合（清掃一組）が中間処理を、23区及び清掃一組からの委託を受けて東京都が最終処分を行う形となっている。しかし、清掃行政は一貫性、統一性・一体性が求められるため、23区の運営方法に起因する独特の問題が存在する。また、人員については、地方自治体職員のみならず多くの委託会社の要員も業務を担っており、それに関する問題も存在する。これらのことがアフターコロナの大都市清掃のあり方を論ずる際の背景として存在する。

2020年4月の緊急事態宣言下でのごみ収集体制

2020年4月7日、全国的に感染が急速に進んでいったため、緊急事態宣言が発出された。それを受けた対象地域の都道府県知事は、住民に対し外出自粛や休業をはじめとする感染防止への協力を要請した。国民にとっては初めての宣言や要請であったため、考えられる限りの感染リスクを想定し、細部にまで注意を払いながら対策を講じていった。

清掃の現場においても同様に感染リスクが検討され、自宅待機する感染者から排出されるごみの収集リスクを想定し、感染防止策が考えられていった。基本的には通常どおりの清掃サービスを提供するのだが、その際には、作業員の衛生対策が徹底され、グローブ、マスクを着用し、車両の消毒等も施した上で業務が遂行されていた。

「ステイホーム」の定着により家で過ごす人々が多くなり、増加する家庭ごみへ対応する必要が生じた。23区内のいくつかの区では、不適正排出者への清掃指導に携わる職員を収集業務に回したところもあるが、筆者が以前に収集の現場を体験させてもらった新宿区では、不適正なごみが絶えないことから通常どおり「ふれあい指導」が行われていた。しかし、感染予防対策として、不適正ごみ排出者を特定するためのごみ袋の開封調査は中止していたので、従来のような水準での指導業務は難しかった。また、作業現場の職員は自宅研修、時短勤務、早出早帰り等を実施し、洗身時間帯や休憩時間の分散を行い、できる限り職場の密度の低減を図る措置が講じられていた。

清掃業務を実施する際にはマスクや消毒液が必要不可欠となるが、新宿清掃事務所では取引のある業者数社から、マスク4か月分、消毒液3か月分を確保し、作業員の安全の確保に努めていた。それとは別に新宿区でも職員用と区施設で従事する民間の従業員用として一括してマスクを購入し、5月4日、清掃行政の業務委託先となる雇上会社の運転者と作業員用に1か月相当分を提供した。マスクの入手が困難な時期に、業務の遂行に必要不可欠な物品を委託業者にまで提供する取り計らいは、直営と委託がスクラムを組み清掃行政をしっかりと維持していくという新宿区の意思の表れと受け止められる。

清掃職場でのコロナウイルス感染

先述のとおり筆者は2020年11月より東京都北区の滝野川庁舎にて清掃現場の参与観察をさせてもらったが、年始の2021年1月7日に2回目の緊急事態宣言が発出されたため、まさに緊急事態宣言下での清掃事業を体験するようになった。そのなかでも大きなインパクトがあったのが、職場からコロナウイルスへの感染者が発生した一件である。その状況を述べておく。

1月19日(火)、大学の研究室で本書の執筆をしていた際にデスクの電話が鳴った。めったに鳴らない電話を取ると、滝野川庁舎の技能長からであった。何か収集作業でミスをしてしまったのかという不安が過ったが、そうではなく「清掃職員の中からコロナウイルスへの感染者が出たため、しばらく出勤を控えてほしい」という連絡であった。2021年の年明けから感染者数が増加し2度目の緊急事態宣言が発出されていたものの、これまで身近なところから感染者が出ていなかったので、知らせを受けた時には非常に驚いた。

感染状況の結果から述べると、清掃職員2名がコロナウイルスに感染し他の清掃職員も濃厚接触者となった。幸いにもクラスターにはならず事務所が閉鎖される事態は免れたが、これらの職員や濃厚接触者となる清掃職員が通常の収集体制から欠けつつも、約2週間にわたっていつもどおりの収集サービスを提供していかざるを得ない状況に追い込まれた。

多くの欠員が生じたが、それでも通常どおりの収集サービスを提供する必要があるため、何とか人を集めて収集業務を維持する対策をとらざるを得なかった。雇上車の運転手の代わりは、「代番（だいばん）」と呼ばれる代わりの運転手が手配されたため清掃車の配車は可能となった。しかし、事故欠勤となっている収集作業の本番を担う清掃職員を埋め合わせる体制を構築するには、かなりの苦労が強いられる状況であった。まさに滝野川庁舎の全員が団結し収集体制を維持していく形となった。

まず、休務[19]となる清掃職員に出勤依頼し、仕事に出て来てもらうように促した。この休務の返上は、週休1日（日曜日のみの休暇）となり日々の激務の疲れが十分に癒されないまま勤務を続けることを意味した。また、会計年度任用職員にも声をかけ、本来は休みとなる日にも出勤をお願いするようにして人員を確保した。しかし、それだけでは十分な体制は構築できないため、滝野川庁舎の本番の収集ルートを1つ解体して他の本番ルートに分散して付け加えたり、王子庁舎に解体した収集ルートの1つを丸ごと受け持ってもらったりして収集体制を維持していった。王子庁舎からの応援については、依頼の結果、王子庁舎にて3組体制で行っている「ふれあい指導」のうち1組を解体して人員を捻出して対応してもらうことにした。このような対応は初めての試みであったが、半期ごとに清掃事務所間での人事異動を行っており、滝野川庁舎での収集経験を持つ清掃職員もいたため、最新の収集地図を渡し、その地図に従って収集してもらう形で対応できた。

後日、統括技能長や技能長に今回の清掃職員のコロナ感染への対応について尋ねたところ次のような回答を得た。すなわち、今回の欠員数までならぎりぎり対応が可能であったが、これ以上の欠勤者が出ると対応が難しかった。また、もし同時期に自然災害が発生してしまうと全く対応ができないと思われる。王子庁舎には迷惑をかけたが、北区には清掃拠点が2か所あり助かった。コロナ禍で大変なのは清掃部門だけではないのは十分わかっているが、ギリギリの人数で業務を行うよりもある程度の余裕のある体制で清掃に臨みたい、と述べていた。

リスクと背中合わせの収集現場

①新宿区の収集現場から

筆者は初回の緊急事態宣言下が発出され不要不急な外出の自粛が求められていた頃、その状況下で行われる収集作業の現場を自らの目で見たく思い、個人的に2020年4月29日に新宿区の収集の現場、主に住宅地に足を運んだ。作業の邪魔にならぬよう離れて観察するのみであったが、収集現場の状況を把握することができた。

ごみ収集の現場は、いつもと同じ作業風景であった。普段からマスクを着用し、グローブをはめて収集作業を行っているため、コロナ対策として特別な装備を装着して作業を行っていたわけではない。しかし、外出自粛や在宅勤務等で家にいる人が増えたため、収集するごみの1つ当たりの大きさは増し、その量は大変多く、通常の約1・2倍にも及んでいた。例年3月、4月は引っ越し等のためごみの量が多い時期になるが、さらにそれに上乗せされるように排出されるごみ量は清掃職員の体力を消耗させ、疲労を蓄積させていた。今後は真夏に向けて気温が高くなっていくので、このまま続くとかなり厳しい労働環境になることが危惧された。

都知事からの外出自粛要請がなされた初期は家内の片付けをする人が多く、タンスなどの粗大ごみが多く排出された。特に不燃ごみでは食器類が出されたため、そのごみはかなり重たく、収集職員は相当の労力を費やした。燃やすごみには、生ごみやテイクアウト系の容器が多く、残飯も多く汁気を帯び、1つ1つの袋が重くなっているごみが多かった。まさにごみを見れば生活が分かるがごとく、外出自粛要請に従って三食を家で食べていたと、ごみで以て証明されていた。

GW中の新宿区でのごみ収集の様子

作業風景はこれまでどおりであったが、その作業へのリスクは大きく相違していた。排出されるごみの中には、新型コロナウイルスに感染した軽症や無症状の自宅待機者のごみがあるかもしれず、感染者が触った袋を清掃車に積み込む作業は、感染リスクの高い作業となる。中には、ごみ袋の中にマスクが沢山詰まっていたごみもあり、ひどい場合には使い捨てのマスクがごみ集積所にそのままポイ捨てされていた。感染者のごみだと明記されていれば、それにのみ細心の注意を払えばリスクは回避できようが、そうでないため全てのごみが感染の可能性の高いごみであると想定して収集作業を行う必要があり、精神的にも大きな負担がかかっているようであった。少しでもごみに触れず慎重に収集作業を行いたいところだが、収集したごみを清掃工場に搬入できる時間は決められているため、リスクを認識しながらこれまでと同様に集積所に山積みされたごみを手際良く清掃車に積み込む作業を行っていくしかなかった。

ごみの中にはしっかりと結ばれていないものもあり、摑んだ途端に中身が散乱してしまうごみもある。その中に、マスクやティッシュペーパーがあると、それを拾い上げるのも躊躇（ちゅうちょ）される。その際は、清掃車に積んである2枚の板（かき板）を利用して直に触れぬよう散乱したごみをかき集める。このようなリスクの高い作業を遂行するため、彼らの中には、家族への感染を心配する職員もいた。清掃従事者の安全を守るためにも、排出者には彼らの作業に配慮したごみの捨て方が問われていたといえる。

②北区の収集現場から

先述のとおり筆者は東京都北区の清掃現場に入っていたが、そこで経験した感染リスクの高い作業について2点述べてみたい。

1点目は小プへの積み込み作業である。小プではバケットに積まれたごみを圧縮してタンクの中に押し込むが、プレス機が回りだしごみを圧縮した際に、ごみから出てくる得体のしれぬ埃（ほこり）やミストが飛び散る。作業員はそれらを作業中に体内に吸い込んでいる。当初はそれほど気にはしていなかったが、たまたまバケットに入らず落ちてしまったごみを拾おうとかがんだ時にプレス機が動いた際、目の前でごみから噴き出されてくる埃やミストが飛散するのを見た。

その量がかなりあったため、作業をすれば結構体内に吸い込んでいるのではないかと不安になった。基本的にマスクをして作業をするため直接それらを吸い込むのではないが、不織布のマスクで完璧に防げるわけでなく、マスクの隙間から吸い込んでいると推察される。とはいえ、筆者の知る限りでは、これまでごみ収集作業自体によって新型コロナウイルスに感染したという話はなく、ごみからの埃やミストは特に体に影響を及ぼすわけではないのかもしれない。そうは言っても、微量でも吸いたくはない物質である。

2点目は、感染者が使用した可能性がある使用済みのティッシュやマスクを拾い上げる作業である。このような作業を行うのは、①プレス機の回転によりごみ袋が破裂してバケットから飛び出た場合、②鳥獣の被害に遭いごみ袋が裂かれ周りに散乱している場合、③ごみ袋がしっかりと結ばれておらず持ち上げた瞬間に中身が散乱する場合、である。このような状況になると清掃車に積んであるかき板を利用してなるべく触れないように拾い上げバケットに入れるのであるが、それは時と場合による。清掃車が停車しても通行に支障が出なければゆっくりと作業ができようが、清掃車の停車により付近の通行が妨げられる場合には、なるべく早く片付けを行う必要がある。その際は仕方なく手で拾い上げてバケットに入れる。グローブをしているので素手ではないものの、感染への恐怖を感じる瞬間である。

以上のような作業によって清掃職員は感染リスクと背中合わせでごみ収集を行っているが、作業を終え事務所に帰った際には手を消毒してうがいをすることを心掛けている。よって今のところ、収集作業自体により新型コロナウイルスに感染したという話は聞かれない。

鳥獣被害を受け道に散乱したごみを片付けようとする様子

袋が破けて散乱した中身を手で集めている様子

③コロナ陽性者発生施設のごみ収集

2021年1月11日、収集業務体験を終えて滝野川庁舎に戻り洗身の準備をしていた時に緊急会議を開催する館内放送が流れ、清掃職員一同は3階の会議室に集まった。そこでは統括技能長より、管内の老人ホームでコロナ陽性者が発生したため、通常の収集は止め特別な体制を整え感染対策を施しながら収集業務を行っていくとの説明がなされた。

その詳細は以下のとおりである。すなわち、「通常は小プで収集を行っているが、プレス機で袋が破けて中身が出る危険性があるため、感染確率を低く抑えて収集を行いたい。そのため特別に軽ダンを用意して袋が破れないように丁寧に積み込んでいく形で収集を行う。作業には25人程度いる主任の中から交代で担当者を割り当てるようにする。老人ホームには排出するごみの袋を二重にし、消毒を徹底するように伝えている。危険性はかなり低いと思うが万全ではないかもしれない。作業を担当する主任には別途ゴム手袋を用意するので、作業終了後はすぐに処分してほしい。車の中には消毒液を用意する。作業終了後に戻ってきたらすぐに洗濯して洗身しても良い」といったアナウンスがあり、翌日から1月末まで特別の体制をとり、週2回の収集に当たるようになった。

隣に座っていた清掃職員の方に尋ねると、「当該老人ホームからは通常は40袋ぐらいオムツが出てくる。今回の作業では100袋前後積むかもしれない。これまで小プに積んでいる時に汚物をかぶった清掃職員がいる」と教えて頂いた。当該職員の方はかなり不安を感じており、普段の収集でもリスクを感じながら収集作業を行っているため、今回の案件はかなりリスクが高い作業と受け止めていた。

筆者はこの話を自分に置き換えて聞いていた。正直なところ自らも進んで行きたくはない気持ちであった。しかし一方で、公務という仕事を全うする清掃職員の気概に近づきたい気持ちもあった。結果そちらが勝り、敢えて収集の志願をさせてもらい、シフトに割り当てを行って頂いた。しかし、先述した滝野川庁舎の清掃職員のコロナウイルス感染により登庁が許されず今回の作業体験は実現しなかった。後日収集作業に当たった清掃職員の方から現場の状況を聞いたところ以下のとおりであった。

作業当日は、2人の主任が軽ダンで老人ホームに行き、出されたオムツを積んでいった。1人は荷台に乗り、もう1人が下から渡す形で積み込み作業を行った。軽ダンへの積み込みが終わるとすぐに北工（きたこう）に向かい、感染ごみ用に準備された1番ゲートからごみバンカに入れていった。その作業を繰り返し、午前中に3回、午後からは1回収集して総量約1トン分のオムツを北工に運び入れた。

業務を担当した主任に作業に当たって不安や恐怖を感じたかと尋ねたところ、「小プに積むわけではないので破裂する危険がないためそれほど感じなかった。不安や恐怖は作業に当たる人の気持ちによるのではないか」と述べた。また、業務命令として業務に当たることについての見解を尋ねたところ、「取りに行かないわけにはいかない」と述べた。

先述のとおり、北区の清掃職員の平均年齢は52歳であり、常日頃から感染にかなり配慮をしながらリスクと背中合わせで作業をしている。そのような状況の中でも、業務が割り当てられれば、たとえ自らが感染して家族にも感染させる危険性があると分かっていても、リスクを承知の上で収集に向かい業務を全うしていく。このような気概の清掃職員がいるがゆえ、私たちの衛生的な生活が成り立っているとしっかりと認識しておく必要がある。

④隠れた感染リスクの高い収集・運搬作業

コロナ禍での収集作業の中で、まだそれほど知られていない作業がある。新宿区で確認したかなり感染リスクが高いと思える作業を2つ紹介しておく。

1点目は、大型タワーマンションなどで採用されているごみ貯留排出機（以下、貯留機）からの収集作業である。住民がいつでもごみを出せ、その散乱、汚水漏れ、悪臭や害虫の発生が防げ、しかも収集作業の労力をそれほどかけずに行える装置として近年導入されているのが貯留機である。ドラム式の貯留機に投入されたごみは、ドラムの回転によって取り出し口方向に移動され、密閉されたドラム内に圧縮して貯留されていく。収集時は貯留機の取り出し口の蓋を開け、コンベアで清掃車のバケットまで動かして積み込んでいく。作業員にとってごみ袋の積み込み作業の負担が軽減されるが、貯留機の蓋を開けた時の異臭や、圧縮されて袋が破けたごみからの粉塵（ふんじん）が、貯留機周辺に舞う。マスクをしていても、業務の遂行をためらいたくなる

貯留機からのごみが清掃車に積み込まれる様子

作業である。この貯留機に格納されたごみの中には、軽症で自宅待機する感染者のマスクやティッシュ等も混ざっているかもしれず、地下室等で換気の悪い場所に設置されている貯留機からのごみの収集は、かなり感染リスクが高い作業となる。

2点目は、清掃車のタンク洗浄である。清掃車の運転手は、タンクに臭いが籠らぬようにするため、収集運搬業務終了後は清掃車のタンクの中を洗浄し、必要ならば磨き上げる。その作業では清掃事務所の車庫で高圧洗浄機を利用し、タンク内の水洗を行う。コロナ感染者の排出したごみに付着したウイルスがタンク内に存在している可能性もあり、洗浄の際に周囲へ飛散するミストから感染してしまう可能性もある。この作業に当たり防護服は提供されておらず、従来と同様の手順により洗浄作業が行われていた。感染者のごみが含まれていた可能性があるタンクを洗浄する作業は、非常に感染リスクが高い。

なお、新宿区では、これらの作業への対応として、手洗い、消毒、うがい、洗身を徹底し、感染リスクを低下させる方策が採られていた。

清掃崩壊へと至る清掃事業拠点でのクラスター発生

①清掃事務所でのクラスター発生と閉鎖

清掃サービスの継続的、安定的提供には、清掃行政の拠点で清掃職員や清掃車が配備された清掃事務所が通常どおり機能していく状態が必要不可欠となる。しかし、そこでクラスターが発生し数週間の閉鎖に追い込まれれば、たちまちのうちに通常の清掃サービスの提供は不可能となる。

それが起きたのが神戸市環境局須磨事業所であり、クラスターが発生し閉鎖へと追い込まれた。2020年4月20日までに収集職員7人の感染が判明したため、須磨事業所をその後2週間閉鎖し、感染者を除く全職員55人は自宅待機とした。5月1日時点での感染者は、収集職員14人と関係者3人の17人にも達した。感染経路は不明であったが、保健所の調査では、洗身施設が密になる可能性が高いので使用禁止との指摘がなされた。その後、5月5日に感染を逃れた職員で再度消毒し、6日から清掃事業所を開け事務所での業務や一部地域の収集業務を再開し、21日から須磨区内全域の収集業務を再開した。よって、クラスターの発生から全機能の回復までは1か月も要するダメージを食らう結果となった。

幸いなことに、神戸市には行政区に対応した9つの清掃事業所があったため、他の事業所の清掃職員がカバーする体制を構築でき、この難局を乗り切ることができた。事務所が閉室した翌日の4月21日、隣接する長田区の苅藻島クリーンセンター内に仮事務所を設置し、区民からの問い合わせに対応するようにし、須磨事業所以外の8つの事業所から須磨事務所での勤務経験がある職員を集め、ごみの分別区分や収集頻度を変更せずに通常どおりの清掃サービスを提供した（神戸市環境局 2020: 53）。

この事例から分かることは、万一クラスターが発生しても、同一自治体内に複数の清掃事務所が存在していれば、リソースの分散度合によっては、残りの事務所でカバーする体制を構築する可能性が見込める点である。そうでないならば、清掃サービス提供拠点でクラスターが発生してしまうと、たちまちサービスの提供は立ち行かなくなる。

清掃事務所でクラスターが発生し閉鎖を余儀なくされると、近隣の地方自治体から応援を呼べば良いと考えるかもしれないが、これまで詳細に述べてきたとおり収集作業はそれほど単純なものでない。集積所が記載された地図と土地勘が必要であり、ごみの収集基準も覚えなければ作業は行えない。第2章でも紹介したとおり、戸別収集を行っている地方自治体ではなおさら地図と土地勘がなければ作業は行えない。ごみ集積所は1自治体内でも数万か所存在し[20]、清掃職員はその場所を覚えた上で、適切な収集ルートを考案し効率的に作業を行っている。また、応援に入る地方自治体の分別基準も把握しておかなければ仕事にはならない。23区の場合は区ごとにごみの分別基準が相違するため別途学習する必要があり、また、清掃工場への搬入可能時間が定められているため、業務時間内に手際良く収集作業を終える必要がある。このような状況から、収集作業はすぐに他区からの応援で代わりが務まるものではない。

23区では、同一自治体内に清掃事務所が1つしかない区は9つにものぼる。その中でも、2000年の清掃行政の区移管後、人員削減や業務の効率化により清掃事務所を統合した区が3

区存在する。[21] コロナ蔓延下での清掃行政の維持を考えると、行政改革による事務所の集約化が大きな仇となって現れてくる。この3区の中には、今回のコロナ対策として既存の区の施設を利用して清掃拠点を分散させたところもあるが、それができない区では、清掃事務所内の待機スペースを分散させる、15時以降は在宅勤務として帰宅させる、洗身の際には湯船にお湯を張らない、といった対応により、クラスターの発生を少しでも減らす工夫を行っていた。一方で、複数の清掃事務所を持つ区では、さらに万全の体制をとる動きが見られ、とりわけ品川区では、区内に4か所ある拠点ごとに偏っていた人員を再配置し、人数の均衡化を図り、クラスターが発生しても他の清掃事務所でカバーできる体制づくりを行っていた。[22]

②雇上会社でのクラスター発生の意味するところ

清掃事業の委託先となる雇上会社でのクラスターの発生も、23区の清掃行政に多大な影響を及ぼす。とりわけ清掃車については、区が所有する直営車は2割程度であり、収集作業は雇上会社の車両と運転手の借り上げにより行われている。雇上会社には会社規模が相違する大小51社が存在するが、その中の大きな会社では、1日に約70台もの清掃車を10を超える区へと配車している。

仮にそのような大規模な雇上会社でクラスターが発生して閉鎖してしまうと、清掃車が区には配車されず、たちまち収集サービスが提供されない事態に陥る。また、その車両に区の清掃職員が乗り込み密な状態で移動していくため濃厚接触者となり、その職員が出入りする清掃事務所でもクラスターが発生する可能性も高くなる。さらに車付雇上（しゃつきようじょう）となってしまった現場では仕事そのものを手放すため、区の清掃職員でさえも現場を掌握できず、委託した業務をすぐに代行することは難しい状態となっている。よってこの車付雇上が欠けてしまうと、通常の収集サービスを安定的に提供できなくなる可能性が高い。

雇上会社の危機管理体制は様々であり、新型コロナウイルスが蔓延し始めた頃は、会社を挙げてしっかりとした感染対策を行っていた会社もあれば、マスクや消毒液が十分に支給されず、感染対策を実質的に従業員任せとしていた会社も存在した。さらに雇上会社の人員は、正社員の比率は極めて低く、労働者供給事業[23]により派遣された労働者の割合が高くいわば日雇い労働により生計を立てている状態であり、その労働者の中には夜のアルバイトも掛け持ちしている者も存在した。派遣元の労働組合は派遣する要員に注意喚起の通知を出しているものの、雇上会社としては自社の社員ではないため、要員を十分に管理できない状態にあった。

実際に、複数の区に対し配車を行っている雇上会社からコロナ感染者が出ていた。いち早く自宅待機等の対応をとったため、幸いにも当該会社でクラスターは発生しなかった。しかし、万一そうなっていれば、23区内の清掃サービスの提供に甚大な影響が及んでいたであろう。

清掃行政の維持に関する問題の根源

コロナウイルスが蔓延する中で、広く社会全体で清掃行政継続への危惧が抱かれるようになった。それは冗長的な体制がとられていない状況、つまりバックアップ体制の未整備に起因する危惧であるといえる。何故そのような脆弱な体制で行われるようになったかを検討すると、その原因にはこれまで行われてきた地方行革がある。

既に第3章で地方行革について説明したが、とりわけ小泉内閣時に地方自治体に指示された「集中改革プラン」の策定とそれに基づいた改革の実行が、大きな影響を及ぼしている。この集中改革プランにより、限界まで身を削る削減が行われ、都市部の地方自治体には現業職員が残るものの、地方の自治体では、現業部門を委託したり非正規職員化したりする方向に動いた。とりわけ23区の清掃の現場では清掃職員は削減され、清掃行政が都の所管であった時には8000人存在していたが、現在ではその半数以下の水準となった。人員の削減と並行して組織のスリム化も行われ、現業職員のみならず管理職も削減する文脈で組織の再編が行われていった。清掃事務所の集約化もこのような流れの中で進められていった。

一方、人員の削減は、脆弱な業務実施体制という潜在的な問題を生んだ。委託化の中でも車付雇上化が進み、現場でどのような作業が行われているかを把握することが困難になった。清掃行政が23区に移管されて20年が経過するが、その間に1人も採用していない区は5区にものぼり（図表4－2）、清掃職員を採用している区でも運転手の採用はなされておらず、その退職者の補充は雇上会社からの車両で賄われている。結果、23区で保有する清掃車は、収集サービスの提供で必要になる台数のうち2割程度しか占めておらず、平常時の収集サービスは問題なく提供できても、自ら所有するリソースのみでは有事にサービスが提供できない状況となっている。

想定外の事態が起きない限り通常の清掃サービスは提供されるが、今回のようなコロナウイ

15	16	17	18	19	20	21	小計
	4	2	2	3	3		22
5		4		5		5	24
2			2		2		6
		2		3	3		25
					5	6	11
				3		7	28
3	2	1	1	4		4	24
							0
	2			6	3	3	23
		2		2	1	1	10
		6		6		7	19
3		3	3			3	19
1	1	1	2	2	2	2	23
							0
							0
		5				5	30
							0
							18
							0
							13
						4	4
	6	3					27
							3
4	4	5	4	6	4	5	49
18	19	34	14	40	23	52	378

図表4–2　各年度ごとの各区新規採用状況（2000年移管以降）

	2000	01	02	03	04	05	06	07	08	09	10	11	12	13	14
千代田												2	3		3
中央								5							
港															
新宿						5			5			4			3
北															
台東						9							9		
文京													3	3	3
荒川															
品川											6			3	
目黒												2			2
大田															
渋谷					7										
世田谷												6	3	1	2
中野															
豊島															
練馬								8						12	
杉並															
板橋									10						8
足立															
葛飾									5		4			4	
江戸川															
江東						6	3		5					4	
墨田														3	
一組												5	5	5	2
小計	0	0	0	0	7	20	3	13	25	0	10	19	23	35	23

出典：東京清掃労働組合が作成した一覧表を筆者が編集

註：2021年5月10日時点

ルスの蔓延を前にすると、これまでの減量経営、削減路線がいかに清掃行政を脆弱な体制へと変え、安定したサービス提供への懸案材料としてしまったかを浮き彫りにした。そもそも自らのリソースの削減と安定的・継続的なサービス提供は相反する価値であり、コロナウイルスの蔓延により両者の追求は不可能であると明らかになったといえる。近年では、想定外の自然災害に見舞われる地域が多く出てきており、その際にも現業職員の必要性が改めて認識されてきているが、ある程度のコストをかけてでも、自前で安定的にサービス提供ができる体制を維持する方向へと舵を切り直すことが必要になっていると思えてならない。

ただ、現在でもかなりの委託が進んでいるため、今後の清掃行政の実施体制に冗長性を持たせながら、急に直営化を志向していくことは非現実的な策である。そうではなく、現在機能する体制を前提とした上で、社会にとって必要不可欠な清掃サービスをいかに安定的・継続的に提供していくかといった手法が今後問われてくる。

コロナ収束後の清掃行政のあり方

コロナ禍での清掃行政の実施により様々な課題が浮き彫りとなった。その中でも清掃サービスを今後も継続的、安定的に提供していく観点から以下の3点を述べてみたい。

①直営比率の長期的な向上とフォローアップ体制の構築

これまでの行政改革により現業職員はかなり削減された。近年の清掃職員の採用数からしても退職者に見合う採用はなされておらず、今後も退職者不補充が継続していく様相を呈している。清掃職員の増員は地方自治体内の様々なバランスに鑑みると厳しかろうが、今後発生しかねない未知なるウイルス、年々ひどくなる自然災害への対応においても、自らの手となり足となるリソースを維持しておかなければ、通常どおりのサービスが十分に提供できない。そのためにも、現状の清掃職員数を最低限でも維持していくために退職者分は必ず補充し、その後は積極的に直営比率を長期的に向上させていく必要がある。

そこでは、収集職員もさることながら、運転職員をより補充していく必要がある。23区ではもはや直営車のみでは清掃サービスが提供できない状況であり、雇上会社でクラスターが発生すると配車がなされず、たちまち清掃サービスの提供が立ち行かなくなる状況となっている。中には、江東区のように収集職員の運転職員への転職で対応している区もあるが、各区の事情に合った様々な方法を検討し、最低限でも現状を維持していきながら、長期的には直営比率を向上させていくことが危機管理の視点からも有用な策となる。委託する会社が万全な体制を構築しているとも限らないため、いつどのような事態が起こっても自前である程度はサービスを提供できるような体制へと近づけていくべきであり、そのためには業務を分析し、万一雇上会社が閉鎖してしまった際にも最低限のサービスが提供できるようなラインの算出が求められる。

また、今後の危機管理として、車付雇上で雇上会社に任せた仕事の確実なフォローアップも必須となる。通常、業務を委託する場合、自区の清掃現場の中でも、清掃事務所から遠い、ごみ量が多い、といった条件の悪い現場を切り出す傾向にある。しかし、これが固定化されてしまうと、業務がブラックボックス化していくことは言うまでもない。そこで一定程度の周期での委託現場のローテーションにより、清掃職員が現場を継続的に把握する体制を維持していくことが必要となる。

②近隣自治体間での現場レベルでの応援体制の構築

清掃事務所でクラスターが発生した場合に備え、自区内の清掃事務所に一定程度の余裕を持たせて人材やリソースを分散させていくことは、今後の有用な策となろう。しかし清掃事務所が清掃事業の区移管前から1つしか存在しない区もあり、今後の清掃拠点の新規整備も財政的に非常に難しい。そこで考えられるのが、23区間での現場レベルでの応援体制の構築による実施体制の冗長化の推進である。

現在23区では不測の事態に対応するために、5つに分けられたブロック内で応援体制を協議し、どのように協力していくかを定めているところもある。しかし、全てのブロックで応援体制を協議しているわけではなく、近隣の区と緩くつながる中で応援を要請していく形としているブロックもある。しかし、このような応援体制は事務サイドでの枠組みであり、実際現場で実作業を行う清掃職員にはその枠組みは伝えられていない。よって、今後は現場の作業員レベルまでも含めた応援体制の構築が求められる。仮に清掃事務所の閉鎖といった事態に陥り他区の清掃職員が応援に入るような状況が生じても、集積所が記載された地図を持ち合わせていなければ、どう動いて良いのか途方に暮れるのみである。また応援に入る清掃職員が他区の現場に慣れておく必要もある。

そこで有用となるのが、応援体制の構築の一環としての収集用地図の相互保有と、清掃職員の人事交流である。収集業務において地図は命綱のようなものであり、これを応援に来てもらえる見込みのある近隣の他区に事前に送達しておくことで、非常事態時の収集サービスの提供に最低限の対応ができ、サービスの維持が可能となる。実際に江戸川区では今回のコロナ蔓延下での対策の一環として、区内の清掃事務所間でお互いの集積所の地図のコピーを持ち合うことが行われていたが、そのような取り組みを発展させ、同一区内のみならず他区との間でも地図を持ち合い、冗長化を進めていく一助にすべきである。

また、実際に応援に行くようになる清掃職員が近隣の他区の現場に馴染んでおく必要もある。現在でも人事交流はなされており、現場の管理監督職である技能長レベルでは板橋区と杉並区の間で実施されてはいるが、収集の現場を学びに行く趣旨ではないため、現場作業レベルでの交流を積極的に進めていく必要がある、毎年少数でも良いので継続させていき、応援に行き易く、また応援に来てもらい易い体制を構築し、安定的な清掃サービスの提供へとつなげていくべきである。

このような現場レベルでの対策の準備が、ハード的には実現が難しい清掃事務所の冗長化に準ずる手段となり、安定した清掃サービスの提供への有用な策となる。

③住民の清掃行政への参加意識の向上

コロナの蔓延により、「清掃サービスをいかに維持していくか」が社会的に問われるようになった。清掃サービスの維持は、何もサービス提供側のみの努力で実現するのではなく、それを享受する住民側も一定程度の協力が必要になる。住民が地方自治体の定めるルールに従って適切にごみを排出していくことが、作業員の感染リスクを低減させる有力な手段となる。

しかしながら、コロナ蔓延下でもごみの分別を守らず、可燃ごみにもかかわらず瓶や缶が混入されたごみが相変わらず見受けられた。清掃職員は感染防止のため袋を開封しないケースもあるため、それがそのまま清掃工場に搬入され、清掃工場の焼却プラントに悪影響を与えてきた。また、ごみ袋をしっかりと結ばずに排出されていたため、作業中に摑み損ね、中のごみが路上に散乱することもあり、清掃従事者への感染リスクを高めた。

今後の清掃行政に必要不可欠なのは、これまで地方自治体が行っていた協働の路線をさらに充実させ、住民の清掃行政への参加意識をより積極的に涵養(かんよう)していく手法である。住民の適切なごみの排出が感染リスクを低減させていき、自らが受ける清掃サービスのあり方に大きな影響を与えるようになるという意識づけが必要となる。住民一人一人が我が事として清掃行政を捉え、積極的にそれに参加していくことが最大の対策になる。住民の清掃行政への参加意識の向上も危機管理の一環として受け止め、そのための方策が求められてくる。

今後の不測の事態に備える必要性

2021年7月現在、4回目の緊急事態宣言の発出やまん延防止等重点措置がなされているが、ワクチン接種が進みつつあり、我々が元の生活に徐々に戻っていく様相を呈している。しかし、それにつれて以前の感覚に戻り、コロナ禍での経験を忘れてしまうあまり、問題と思われた事柄がそのように認識されなくなる恐れもある。4度にわたる緊急事態宣言下でも清掃行政が維持できたため、先に指摘した点に関しては、ワクチンや特効薬の開発により、もはや問題としては認識されなくなるかもしれない。しかし、いつ新たな未知のウイルスが出現するか分からず、それへの対策も兼ね、今回のコロナウイルスの蔓延で顕在化した問題を検討し、次の緊急時に備えていくことが必要不可欠である。

その際に、継続的・安定的な行政サービスの提供という大局的な視点を持つのであれば、これまでの新自由主義的な改革路線が、果たして私たちの生活や福祉にとって有効であったのかを考えていく必要がある。今回のコロナ問題は、行き過ぎた効率化に対する検討を促す機会を提供するものであったともいえ、行政のみならず、我々一人一人も社会のありようについて考えていく機会になったのではなかろうか。こう考えると、コロナの問題は、潜在化していた問題を顕在化させ、今後のあり方への思考を巡らせる機会を提供した意味があり、悲観的に捉えず積極的に受け止めていくべきである。

【注】

19 清掃サービスは月曜日から土曜日まで提供されるため、その体制を構築するには6日間勤務するようになり週休は1日となってしまう。そこで、週休2日となるように清掃職員を6つのグループに分け、当該グループごとに日曜日以外の休日（休務）を定めるようになっている。そこでは、日曜日と連続するように順番にローテーションされ、一定のサイクルで連続して休みが取れるように工夫されている。

20 新宿区では約2万5000か所存在している。

21 中央区は2003年、港区は2004年、江東区は2006年に、複数の清掃事務所を一か所に集約した。

22 2020年4月25日付東京新聞記事を参照。

23　労働者供給事業は、職業安定法45条に定められた事業であり、労働組合が厚生労働大臣の許可を受けた場合に可能となる無料の労働者供給事業である。詳しくは、藤井（2018: 156-158）を参照されたい。

第5章　感謝の手紙と清掃差別

清掃事業への光と影

2020年4月7日、政府は初めての緊急事態宣言を発出し、都道府県知事から外出自粛等が要請された。これまでの都市の賑わいは消え去り、街の様子は一変してしまった。そのような状況においても社会にとって必要不可欠な公共サービスは提供され続け、それに従事する人々を「エッセンシャル・ワーカー」と呼ぶことが人口に膾炙(かいしゃ)した。

当初はこの中に清掃従事者が含まれるとは思われていなかったようであった。しかし、先述した2020年4月20日の神戸市環境局須磨(すま)事業所でのクラスターの発生を契機として清掃の現場に注目が集まり、ウイルスの危険に対峙しながら業務に勤しむ清掃従事者もエッセンシャル・ワーカーとして認識されるようになった。そしてその頃からごみ袋への清掃従事者への謝意の貼付が徐々に増え始め、4月28日の小泉進次郎環境相の記者会見で清掃従事者に激励と感謝の気持ちを伝える呼びかけがなされ、ごみ袋へのメッセージやメモの貼付が一大ブームとなっていった。このような感謝状が貼付される波は初回の緊急事態宣言が解除された頃には一段落し、二度目以降の緊急事態宣言下で排出されるごみには感謝の意の貼付はめったに見受けられなかった[24]。まさに一時的な現象であった。

清掃サービスは現代生活に必要不可欠な生活インフラである。しかし、清掃事業が非常に重要な役割を担っているにもかかわらず、その業務の従事者にはこれまで光が当たらず、世間からはどちらかと言えば見下され差別されてきた。以前から清掃従事者は「ゴミ屋」と言われたり、現在でも清掃車の横を鼻をつまんで通行する人がいたりする等、未だに清掃従事者への差別意識が全て払拭されているとは言い難い状況にある。

いつまでも差別が残る状況において、緊急事態宣言下でのごみ袋に貼付された住民からの謝意は、一時的な現象であったとはいえ、ウイルスの危険に対峙しながら社会的使命を全うする清掃従事者のモチベーションを大きく向上させた。また、それ以上にこれまで甘受してきた侮蔑や屈辱を払拭する一助ともなり、清掃従事者が自らの仕事に自信を深めていくきっかけとなった。

このような状況を踏まえ、第5章ではコロナ禍で市民から寄せられた清掃従事者への謝意といった清掃事業の光の部分を述べるとともに、これまでの清掃労働のあゆみ、差別克服への道程といったいわゆる影の部分を述べていく。そして、それらを踏まえ、今後私たちが清掃事業とどのように向き合っていくべきかについて述べてみたい。

なお、筆者は、44年間東京23区のごみ収集の業務に従事し清掃差別と闘ってきた元清掃職員の押田五郎氏（清掃・人権交流会長）と筆者が登壇していた講演会にて知り合い、その時から清掃差別に関する貴重なお話を聞かせて頂いている。本章では、これまで押田氏から教えて頂いた話、頂いた資料、さらには押田氏の講演の動画を参照しながら述べていく。

ごみ袋に貼付された感謝のメッセージ

２０２０年4月28日の小泉進次郎環境相の記者会見や、清掃職員が収集現場で奮闘する様子が報道されるにつれ、ごみ袋に貼付される感謝のメッセージやメモが全国的な動きとなっていった。貼付されたメッセージ等はかなりの数に及んだ。中には作業の流れで大量のごみとともに清掃車に積み込まれたケースもあるため、実際には感謝のメッセージやメモは清掃事務所が把握している数よりも多いと推察される。一方で、清掃従事者にとってはメッセージやメモを受け取るのは確かに大変有難く喜ばしいのであるが、清掃事務所への報告のため収集作業を中断して大切に保管する手順が伴った。よって、在宅勤務や家での食事が多くなったことでごみの量が正月と同程度になり積込量が増えていた状況において一度に複数のメッセージやメモが出てくると、手間がかかり仕事量が増える状況でもあった。

ごみに貼付された住民からのメッセージやメモは、便箋をはじめとして、コピー用紙、小さなメモ用紙、付箋、古紙の裏紙等、様々であった。[25] メッセージには感謝と激励が述べられており、一例を示すと、「私たち住民のためにお仕事をして下さり本当にありがとうございます。くれぐれもお気をつけてお仕事をされて下さい」「コロナウイルスへの感染の危機にさらされながらも、いつもと同じごみ収集作業。そのご苦労のおかげで毎日清潔な生活をおくることができます。ありがとうございます」と述べられていた。数行程度のメッセージやメモが多数を占めたが、中にはかなり達筆で便箋にびっしりと感謝の意を伝えた手紙もあれば、子どもが書いた数行のメッセージもあった。このようなテキストのメッセージのみならず、清掃車や作業員を描いた絵もあり、中にはパソコンを利用して表彰状のように仕上げてカラー印刷した「感謝状」を作成してごみに貼り付けた事例もあった。

住民からの謝意はごみ袋に貼付されたメッセージやメモのみならず、マスクの入手が困難であった時期には、手製のマスクやフェイスシールド、新品の不織布マスクが贈られる場合もあった。さらには区議会議員からも手作りの紙マスクが贈られるケースもあった。感謝のメッセージやマスク等を受け取れば清掃事務所に持ち帰り、事務所にて掲示したり地方自治体の広報誌で取り上げたりした。

コロナウイルスが蔓延（まんえん）する中で自宅から排出されるごみの中には、自宅待機する感染者が排出したかもしれない使用済みマスク、ティッシュ等も含まれている可能性があり、感染者が触った袋を清掃車に積み込む作業はリスクが高くなった。特に初回の緊急事態宣言が発出された時期には、清掃従事者はこのような感染リスクが高い作業を緊張感を持って行っていたので、ごみ袋に貼られた謝意を表するメッセージやメモにより、幅広い層の住民からの感謝や応援を実感でき、ひと時の安堵や安らぎを得た。

ごみ袋に貼られたメッセージ

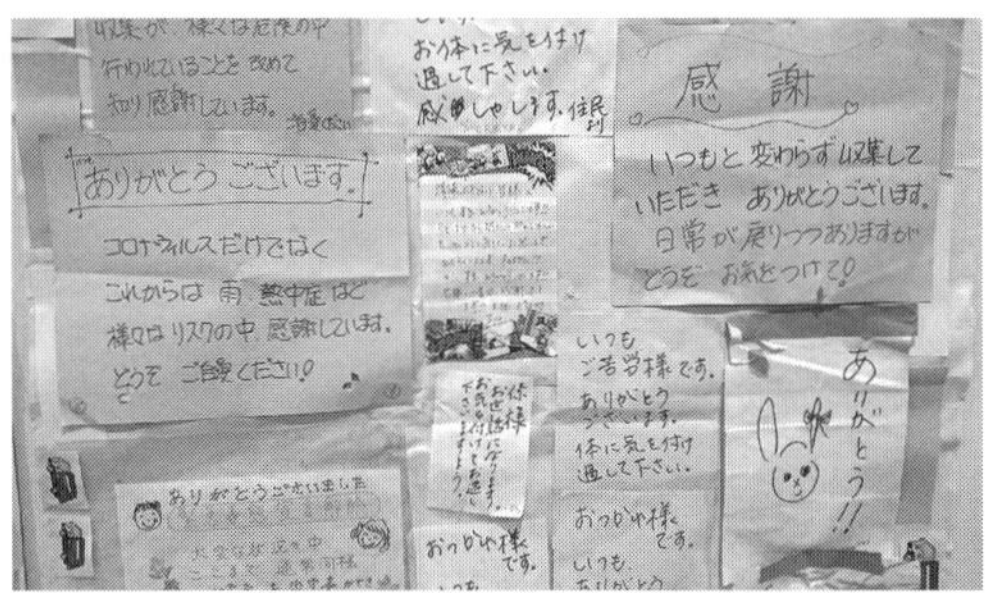

新宿東清掃センターのエントランスに掲示されたメッセージやメモ

清掃従事者への差別

ごみ袋に貼付された住民からの謝意は初回の緊急事態宣言が解除されてからは多くは見受けられなくなったが、これまで日陰に追いやられ、世間から心無い言葉を浴びせられてきた清掃従事者にとっては、希望の光であった。それだけ清掃従事者はいわれない差別を受け続けてきたのである。

清掃における差別は様々な局面で現れるが、類型を整理しておくと、①住民による清掃従事者への差別、②清掃従事者間における差別（清掃職員と雇上会社従業員間、清掃職員と車付雇上労働者間での差別）、③地方自治体内での現業軽視といった差別、に分けられるであろう。とりわけ①については住民と清掃職員との関係の観点から詳しく述べておきたい。

①の典型的な形が住民から清掃従事者に浴びせられる暴言の数々である。押田氏が清掃職員になったのは1972年であるが、その頃は現在よりも清掃従事者への差別はひどく、作業中に「くさいくさい」と鼻をつまんで子どもや女性が走り去るのを何度も経験した。中には仕事をしている最中に子どもが寄ってきて「おじさんよくこんな仕事をしていられるね」「おじさんたちはどこで寝ているの」と言われたこともあった。さらには当時の同僚が小学校の傍で収

集作業をしていると、２階の窓から見下ろしていた教諭が児童たちに向かい、「お前ら勉強しないとああなるぞ」と言われたこともあった。最近でも同種の暴言は存在し、未分別のごみを排出して収集されなかった腹いせに、「だまって　もってけ　糞ゴミ屋」とごみ袋にペンで書き集積所に投げ捨てられていた事例もある。これらはほんの一例であるが、清掃労働者はこれまで「臭い」「汚い」「捨てたものを扱う価値のない仕事」と世間から蔑まれてきた。臭く汚いのは排出されたごみそのもの[26]であるにもかかわらずである。

このような清掃従事者への差別がなされる中でも、世間にはまっとうな親もおり、一条の光となる事例もあった。それは、清掃従事者に「くさい」と言った息子の愚行を正した親から詫び状が届いた事例である。少し長くなるが引用しておく。

「ぼくは、ゴミを運んでいる人に『くさい』と言ってしまいました。すみませんでした。本当は命をかけてはたらいているとお母さんから聞きました。むかし、ゴミの中にスプレーかんが入っていて、それを知らないゴミしゅうしゅう車がばく発したときました。こんなにあぶない目に合うかもわからないのに『くさい』と言ってすみませんでした。これからは命がけではたらいている人に心の中で『ありがとうございます。』と感しゃしたいと思います。」

この手紙とともに母親からも寄せられた。

「前略　先日は息子が大変失礼な言動をし、関係者の方々にご迷惑と不快な思いをお掛けしてしまったことを改めてお詫び申し上げます。子どもとは言え、配慮に欠けた言動を親としても見過ごす訳にもいかず、働く方々への尊敬の念を再度話し合いました。自分の行動の誤りと恥ずかしさを子供ながらも認識できたのではないかと感じております。また、そういう大切な気持ちを確認できた良い機会であったと捉え、今後の成長につなげてゆきたいと思っております。本当に、今回は大変不愉快な思いと悲しい気持ちにさせてしまった清掃担当者の方々に心よりお詫び申し上げます。寒さ厳しい毎日ですが、くれぐれもお体をご自愛下さいますように。　敬具　清掃担当者様[27]」

緊急事態宣言下で排出されるごみ袋へ住民からの謝意が貼られるようになった状況に鑑みれば、清掃労働者への差別は一昔前の話のように思えるかもしれないが、現在でも根強く残り完全に払拭されてはいない。筆者が懇意にしている第一線で活躍する23区の若手清掃職員（東京清掃労働組合青年部）の方々からは、住民に配慮しながら収集作業を行っている横で、鼻をつまむ子どもを見て見ぬふりをする親がいたことや、清掃従事者を「ゴミ屋」と罵倒する住民がいたことも聞いた。さらには訪問収集先の住民からまるで清掃従事者が感染者であるかのように扱われ、訪問先ごとに制服を着替えて来るように理不尽な要求をされたとも聞いた。謝意が示される一方ではこのような差別や侮辱も存在しているのが現状である。

清掃労働のあゆみ

清掃労働者の労働環境は最近でこそかなり整備されたが、以前は安全作業への取り組みは疎(おろそ)かで、作業手順や安全衛生が確立されない状況での作業を強いられていた。それに「臭さ」や「汚さ」も加わるため、清掃職員は自らの仕事に誇りが持てず、仕事への取組姿勢は必ずしも良いとは言えない状況もあった。住民からの差別発言が誘発される一因には、清掃職員の仕事への取組姿勢の一側面が住民の脳裏に焼き付いていたからとも考えられる。ここでは戦後から高度成長期終焉頃までの清掃労働の実態について説明しておきたい。

戦後期のごみ収集は、人家の入口に設置された木製のごみ箱に入れられたごみを作業員が身体を折り曲げて竹製の笊(ざる)で掻(か)き出して車に積み込むように進められ、全身がドロドロに汚れ臭いも染みつく作業であった。当該作業では、手甲(てっこう)や脚絆(きゃはん)を付け足袋を履き長い前掛けをし、竹で編んだパイスケを使いながら行われていた。押田氏が入庁した1972年でも先輩の中には手甲や脚絆を付けて作業をする清掃職員もいた。制服は用意されていたが当時は鼠(ねずみ)色であり、

戦後の作業風景　出典：東京都（2000: 138）

清掃職員の中では「ドブネズミ色」と言われていた。汚れが目立たなく毎日頻繁に洗濯しなくてもすむという考えが背後にあった。

　また、現在では下水道が整備されているが、1970年代は依然として汲み取りによるし尿収集が行われており、清掃の第一収集作業とともにし尿の第二収集作業が存在した。バキュームカーが導入される前までのし尿収集は、手で汲み出し肥桶（こえおけ）に入れていく形で行われていた。このような作業をする第二収集の従事者にはごみ収集以上に厳しい差別がなされ、代金の支払いは手渡しで行ってもらえず、上から代金を落とすか置いて取らせるかで支払われることもしばしば見受けられた。その頃は、人々の中には清掃職員を「ゴミ屋」「糞屋」という言葉で侮蔑する者もいた。

　清掃の仕事は汚く大変であったためなり手が見つからず、親が子どもを連れて来る、兄弟を連れて来る、親戚を呼んでくる等、縁故で人を集めて人員を確保することで体制を維持してきた。よって以前は一族で清掃の仕事に就く者がかなりいた。中には中学校を卒業して清掃の業務に就いたため、満足に学校に行けず字が十分に読めない者もいた。また、背中に刺青（いれずみ）を背負う者、酒を飲みながら仕事をする者もいて、酒で身体を壊す者も少なくなかった。さらには自分の仕事のことを友人や家族（妻）に言えない者も多く、「役所に行ってくる」と言って仕事に向かった清掃職員もかなりいた。中にはスーツを着て清掃事務所に向かう者もいた。年末の収集作業は役所が閉まった後の12月30日まで行われるが、その際にはスキー板を担いで遊びに行く振りをして職場に来る者もいた。

また、大変な仕事の割には賃金が低く抑えられており、なり手不足の要因となっていた。しかし、１９７０年代前半までは「チップ」[28]、「出物（でもの）」[29]、「余禄（よろく）」[30]があり、それらがあるがゆえに生活ができていた。そのような清掃職員の実態を清掃事務所（管理者・監督者）は把握しており、押田氏が面接を受けた際には面接官（区域内の清掃事務所の所長）から、「この仕事は大変だし、給料も安いけど、余禄やチップがあるよ」と励ましの言葉が掛けられていた。それ以外にも、ごみの集積所では町会からのお礼としてお盆と暮れに金銭、タバコ、タオルがもらえたりもした。

当時の仕事は「上がりじまい」が罷（まか）り通っており、割り当てられた仕事が終われば当日の業務は終了となっていた。よって、清掃事務所に出勤すればすぐに服を着替え、始業前の早朝から収集作業を開始し、可能な限り早く持ち場の収集作業を終え、15時過ぎには退庁する者が多かった。このような仕事ぶりの清掃職員の根底には、仕事をしているところを見られたくないという気持ちが存在していた。それらは差別のもたらす現実だった。

清掃差別の克服への道程

清掃労働のあり方や清掃労働をめぐる安全環境は、日本経済が高度成長を遂げていくとともに変化していった。経済が成長するにつれ大量のごみが排出されるようになり、それを処理・処分する清掃労働者が大量に必要となっていった。それまでは、中学を卒業すると臨時労働者として清掃職場に入り、数年間現場仕事をした後に正式に雇われる形であり、先述のとおり人手が集まらず身内から労働力を確保していた。しかし、それでは足りないため、清掃労働者の労働環境を大きく改善し、公募で清掃職員を募集し、採用試験を行うようになっていった。また、機械化による能率化や、機材、施設・設備、制服、安全具などの作業環境の整備もなされた。この流れに沿う形で清掃労働者は自らの労働への姿勢を正すとともに、積極的に作業の安全性を追求する声を職場から上げていき、自らの職への差別や偏見を払拭していこうとした。

ここで中心的な役割を果たしたのが労働組合であった。組合運動として、不正と見られるチップ、出物、余禄といった稼ぎを止めるよう働きかけ、しっかりと業務をしていれば生活ができるだけの給料を正々堂々と要求するようにした。この運動の広がりにより、徐々に不正な稼ぎは止められるようになっていった。また、押田氏をはじめとする労働組合青年部では、清掃差別に屈せずに立ち向かっていく活動を展開した。先述した小学校教員による暴言が青年部の仲間に対して浴びせられたため、青年部が中心となって労働組合側から区や教員組合に対し、「我々の仕事を理解するように」と伝えた。そこでは教員組織の集会で労働組合の副委員長が涙ながらに訴える一幕もあった。これが契機となり小学校側の理解が深まり、現在にまで続く環境学習[31]への礎となっていった。

また、安全作業への取り組みにも力を入れていった。労働環境が改善されだしたとはいえ、細部にまで安全対策が施されているとは言い難く、清掃職員が就業中に命を落としたり大怪我をしたりする事故が頻繁に起こっていた。しかし行政（都の清掃局）側はこれらを放置していたため、労働組合から作業方法、機材、施設・設備、安全具、制服、などの作業環境の整備について現場作業を通じて得られた知見で以て一つ一つ声を上げて要求していくとともに、快適かつ安全に作業ができる手法を生み出していった。

作業方法では当時清掃車の後ろにぶら下がるステップ乗車をしていたところ清掃車から落ちて命を落とした清掃職員が多かったため、ステップ乗車による危険作業を止めるように要求した。また、駆け足を止めてゆっくり安全な作業を確立していくことも要求した。機材では、収集中にバランスを崩してバケットに倒れ清掃車の回転盤に挟まれて亡くなった清掃職員がいたため、いつでも回転盤を止められるように清掃車の複数箇所への停止ボタンの取り付けや足元への安全バーの取り付けを要求し、すぐに止められるようにした。安全確保のために1人でなく2人作業を基本とし、万が一の時にはすぐに助けられるような手順を確立した。また、排気ガスのエグゾーストパイプを清掃車の右側にも付けるようにし、走行中は後ろから排気、作業中は右側から排気できるよう清掃職員の作業環境の改善を要求した。

庁舎や施設の改善では、休憩室、ロッカールーム、洗身施設、洗濯室・乾燥室の設置と改善を要求した。安全具では、雨天時に着用するカッパについて通気性のないビニールの製品を止め、防水耐久性・透湿性・防風性を兼ね備えたゴアテックス素材を用いた製品の導入を要求した。また、安全靴のつま先を鉄板から軽量の強化プラスチックへ変えることも要求した。制服については、汚れがすぐに目立つように鼠色から水色に変え、夏着と冬着に分けるよう要求した。これらの安全衛生環境の改善に加え、独居老人の安否確認を兼ねた訪問収集等、住民福祉が向上するような清掃サービスを考案し提案していった。

このようないわば内発的な自己改革や現場経験を踏まえた安全衛生への提言を労働者側から積極的に行い、それが実現され、自らの労働環境の改善や労働の質が高められていくことで、清掃労働者が胸を張って堂々と「清掃労働者である」と言えるような状況が作り出されていった。このような東京清掃の安全衛生への取り組みや清掃技術は世界からも注目され、近年では韓国の同業者が清掃技術を学びに来、自国に持ち帰り普及させていくようにもなっている。また、ミャンマーなどアジアの国々との清掃技術や安全対策の交流・支援も行われるようになった。

「清掃・人権交流会」の立ち上げと活動

清掃労働者自らが労働の質を高め、安全衛生作業の追求により清掃事業への差別や偏見が徐々に払拭されつつあった1995年、清掃職場で部落差別を内容とする誹謗中傷がなされる事件が発生した。それは、職場の労働組合内でのトラブルをきっかけとして、八王子の被差別部落出身であり清掃車運転手の西野勇氏に対して「キチガイヤロー　ブラクニカエレ　アサハラ」という差別メモがレターボックスに入れられたという事件であった。西野氏の父親は部落解放同盟八王子支部の支部長であり自らも部落出身であると公言してはいても、職場では特に解放同盟の運動を行っておらず、彼の全人格を否定する攻撃だった。このメモを受けた西野氏は泣き寝入りせず清掃事務所と労働組合に問題として提起し、また、解放同盟にも上げた。これにより問題解決に向けた取り組みが組織的に始まっていった。

職場でのトラブルが契機であるため当初は犯人探しの話となったが、大局から問題を捉え直し、当該発言が生まれた職場の実態や、その背景にある東京都が行っていた人権・同和研修のあり方を問題とし、改善に向けた取り組みがなされていった。また、東京清掃労働組合側でも清掃差別へのスローガンとして「差別反対」と掲げるものの、具体的な取り組みがほとんどで

きていなかった点を反省し、組合組織内に「人権啓発推進委員会」を立ち上げ、清掃差別や部落差別に対する取り組みを強めていった。組合本部のみならず、下部組織となる5つの地連や各支部にも委員会を設置して担当者を置き、差別に対する協議や学習を重ねていった。

これらの活動が進められて行く中の1998年、被差別部落出身の清掃職員を中心に差別に関心を持つ清掃労働者が集い、東京清掃労働組合内の自主的交流組織として「清掃・人権交流会」が発足した。組織の構成員には、清掃職員のみならず雇上会社の清掃労働者も含まれ、直営と下請けの壁も撤廃し職種・雇用形態の違いを超えた自主的な交流組織となった。そして初代会長には西野氏が就任した。

2015年5月15日、「2015年 第1回人権啓発推進担当者会議」で講演する押田氏

清掃・人権交流会は清掃差別、部落差別、あらゆる差別と向き合い、差別撤廃に向けた活動を続けていった。活動はフィールドワークを中心に行い、狭山事件の現地調査、芝浦と場の見学・交流、大学や高校での講演、特別区職員研修所の人権・同和研修講師を養成するサポート研修の講師、インド、ミャンマー、韓国の清掃労働者との交流や支援等、人権、反差別の取り組みを行っている。[32] そして清掃・人権交流会のフィールドワークには、多くの市民や学生、教

員も参加するようになっている。なお、西野氏が逝去された後は、押田氏が会長を務めるようになった。筆者は押田氏を講義のゲストスピーカーとして招き、清掃差別についてご講演を頂いた。コロナ禍で対面では行えず録画し配信する形となったが、受講生には清掃差別について考えを巡らせる絶好の機会となった。

清掃事業への参加による清掃差別の払拭

緊急事態宣言中のマスコミ報道等により、清掃事業への住民の理解は一定程度深まり、ごみ袋への謝意の貼付が全国的に見られるようになっていった。これまでには無かった現象であり、清掃労働者のモチベーションを向上させる効果があるため、一時的なブームに終わらず今後も続いていくのを期待したい。しかし、清掃の現場で収集業務を体験して思うのは、謝意のメッセージやメモを貼付するよりも、排出者がごみをしっかりと分別し、ごみ袋をきちんと結び、所定の箇所に収集しやすく並べて置く方が、何よりも清掃従事者に謝意を伝える手段になることである。

そのためには、一部の住民がメッセージやメモをごみ袋に貼付するのではなく、より広く、より多くの人々が清掃事業に積極的に参加する形を創ること、すなわち、清掃事業への理解を深め、清掃従事者と共に清掃事業を創り上げていく形を構築することが目指されるべきである。住民一人一人が清掃事業を我が事として捉え、積極的にそれを知ろうと心掛けていくといった、幅広い年齢層の清掃事業への参加や協働が求められてくる。

この清掃事業への参加や協働は、難しい行動や動作が求められるのではない。すなわち、地方自治体が定めたルールを忠実に守り、適正な排出を実践することで実現される。各自治体の定めた分別基準の理解、それに基づいた指定日時・指定場所への排出、清掃工場や最終処分場までも含めたごみの処理の流れの理解、により実現されていく。また、これらに加え、ごみの排出時には清掃従事者が作業しやすいように袋をしっかりと結ぶ、それを集積所に揃えて置く、集積所付近に違法駐車をしない、収集作業中に通行が難しい場合は少し待つ、という配慮も清掃事業への参加や協働と捉えられる。さらには、清掃従事者に会った際に「お疲れ様」「ありがとう」と一言声をかけ、何か問題が生じていれば気軽に相談すること等も清掃事業への参加となっていく。これらの実践は清掃従事者へのリスペクトにもつながり、それを受け止めた清掃従事者はさらに良質の清掃サービスを提供するようになり、住民と清掃従事者の双方にとってプラスの好循環が生まれるようになる。このような好循環が進展していけば、清掃差別は自ずと払拭されていくであろう。

コロナ禍でも行政や清掃従事者は様々な工夫を施しながら清掃サービスを提供している。しかし、行政側が努力するだけでは不十分であり、サービスを享受する側の住民も自らの排出責任を全うし、一丸となったサービスの維持が求められる。清掃従事者も含めた行政と排出者が共に協力しあうことで、コロナ禍でも清掃サービスは自ずと維持され、さらに進化を遂げていく。

一方で、これからの清掃事業を担う若手（筆者が懇意にしている東京清掃労働組合青年部の皆さん）の意識はこれまでの過去には引きずられず、未来を向いて日々の業務に邁進（まいしん）している。定年までしっかりと仕事を続けられるよう、安全作業を徹底させ、業務知識を幅広く吸収し、自らの労働の質を高めながら業務を遂行している。そして住民との対話を心掛け、任された現場の収集業務に真摯に向かい合い、それを完遂させ自らの仕事に自信を深めている。彼らは清掃が差別されているという感覚を持っておらず、また、特に感じていないと言う。このような感覚になる前提には、従来からの組合交渉により現在の安全な作業環境が整備され、そこで快適に業務ができていることがあり、まさに清掃差別に苦しんできた先達たちの労働環境の改善による差別払拭への尽力が今、形となって実を結んでいるのだと言える。このような若手清掃職員がこれからも増え、清掃の歴史にも目を向けながら良質な清掃サービスを提供していく時、住民の清掃事業への参加との相乗効果により清掃事業者への差別は払拭されていき、一昔前の遺物となっていくであろう。そう願わずにはいられない。

【注】

24 筆者が滝野川庁舎で年始の収集業務を行っていた時には、メッセージが貼付されたごみ袋を数件手にした。清掃職員への年始の挨拶が書かれてあり、それはまさに「年賀状」でもあった。

25 東京清掃労働組合が保有する2020年4月・5月の「区民からの感謝のメッセージ」の資料を参照した。

26 排出者がごみの水分を切りしっかりとビニール袋で包めば、臭いや汚さは和らぐ。排出者が少し工夫をすれば清掃従事者のいわれない差別はなくなっていく。

27 2018年10月9日開催の講演会での押田五郎氏の発表資料「清掃労働者として人らしく生きる」から引用。

28 当時は「月極め（つきぎめ）」とも言われ、事業系のごみの排出会社や店舗と相対で約束を交わし、非公式に収集代金を受け取り着服していた。

29 収集したごみの中から使えるものを私物として利用していた。

30 収集した有価物を売って小銭を稼いでいた。ごみ収集作業の途中で段ボール、金属、真鍮を別途収集し、仕切り屋に売却して仲間で金銭を分配していた。

31 清掃職員が小学校に出向き、ごみ処理の流れ、ごみの分別やリサイクルの必要性、環境問題について説明している。こうした機会を通じて幼い頃から清掃や環境への問題意識や関心が育（はぐく）まれている。

32 東京清掃労働組合 清掃・人権交流会（2019: 46-47 参照）。

第6章　清掃現場と女性の活躍

ごみ収集の現場で活躍する女性

２０１６年6月に筆者は初めて収集現場に入った。始業後すぐに驚いたのが、出発前の腰痛予防体操時に目の前で車付雇上(しゃつきようじょう)の女性作業員が黙々と体操をしている姿を見た時である。ごみ収集は、臭い、汚い、きつい、危険、が伴うため、どちらかと言えば男性の職場であると受け止めていたが、その時に、ごみ収集の職場はもはや男の職場ではないと認識を改める必要があると思った。その後周りが見渡せるようになってくると、ごみ収集の現場で働く女性が意外にいると分かってきた。当時、現場に入っていた新宿区には、女性清掃職員として技能長1名、小プの運転手2名、軽小型車（以下、軽小）の運転手1名が在籍しており、出入りしていた雇上会社にも50歳代の小プの女性運転手や20歳代の女性作業員がいた。また、その後に筆者は札幌市西清掃事務所で大雪の中での収集を経験させて頂いたが、当該事務所に中年の女性収集職員の方が配属されており、颯爽(さっそう)と手際良く作業をしている姿に驚かされてしまった。

このようなごみ収集の現場で働く女性の姿は、新聞記事でも時々取り上げられている。京都市環境政策局で収集業務に従事後、運転手を経て作業長にまでなった女性清掃職員の事例[33]、兵庫県西宮市の廃棄物処理会社の20代女性3人で結成したごみ収集「さくらチーム」の事例が挙げられる。[34]これらの記事では、男社会の中で女性が男性と同じように活躍する姿が強調され清掃業界に新しい風が吹き始めている状況が伝えられている。

再度東京に目を移すと、東京都が清掃事業を掌握していた時には、１９８５年の男女雇用機会均等法の成立を契機に女性清掃職員が採用されており、女性用の設備を整備できた新宿、台東、墨田の清掃事務所に配属されていた。しかし、２０００年の区移管後は退職不補充を基本とする区が多い中で、とりわけ正規の女性清掃職員の採用はなされてこなかった。しかし、２０１９年に大田区で女性の収集職員が採用され、２０００年の区移管後初めて正規の女性収集職員が誕生した。

前著では、新宿区の女性運転職員を取り上げ、職場環境や仕事の実態について迫った。その後も清掃行政の調査を続けていると、清掃事業に従事する女性を知るようになり、清掃業界のあらゆるところで活躍している姿を見てきた。そこで第6章では、当該大田区の女性清掃職員を取り上げ男性職場で働く女性像に迫るとともに、清掃職場に女性が入り活躍する意義について述べてみたい。

清掃業務に携わったきっかけ

前著の執筆を機に東京清掃労働組合の方々と懇意になり、その後23区の清掃の実態について様々な情報を頂いている。その中でも、大田区で清掃職員の採用試験に女性が合格したと聞いた時には、退職者不補充を基本として採用数を絞る区が多い中での女性職員の採用に驚きを隠せなかった。男性職場の中で活躍する女性収集職員の雄姿を見てみたく思っていたところ、東京清掃労働組合青年部の取り計らいにより、勝亦若菜(かつまたわかな)氏本人へのインタビューと作業現場見学の機会を頂けた。

勝亦氏は現在27歳であり、2019年に大田区に正規の収集職員として入庁し、現在3年目を迎えている。これまでずっと空手に打ち込んで来た経歴があり、大学でも空手部に入っていたが方針が合わず大学を中退し、その後は地元の道場で空手を学んでいた。その後番組制作会社の仕事に従事しながら空手に打ち込んでいたが、家に帰ってこられない長時間勤務となる時もあり、不規則な生活となっていった。その状況の中で出場した大会で、東京都の強化チームのコーチから選考会への誘いを受け、受験したところ合格し、オリンピックへ出場したいという気持ちがあったため番組制作会社を辞め空手に打ち込むことにした。しかし交通費やドリンク代等の費用が掛かるためアルバイトをせざるを得ず、その時から十分に練習時間が確保できる仕事に従事することを考えるようになった。たまたま大田区の清掃職員でもあった道場の師範から、「体力があるのだから清掃の仕事をしてみてはどうか」と軽くアドバイスされたが、清掃の仕事のイメージができず、その後特に何も言われなかったので記憶から薄れていった。半年後ぐらいにたまたま求人広告を見ていると、大田区でごみ収集の非常勤職員の募集があり、師範からのアドバイスを思い出し、筋トレにも良いかと思い応募したところ採用された。

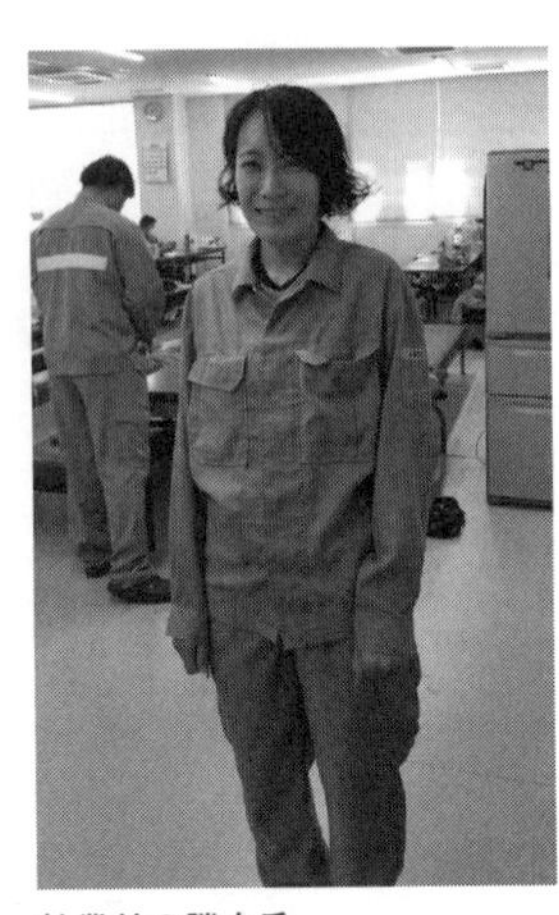

始業前の勝亦氏

勝亦氏が収集業務に従事するにあたっては、両親から特に何も言われなかった。むしろ、なかなか家に帰れない仕事に従事し好きな空手ができない状況となるよりも良いと言われた。しかし祖母からは「女の子なのに」と言われ、友人からも「大変じゃないか」、「臭くないか」と言われたが、勝亦氏が「ないと困る仕事でしょ」と言うと、その後何も言われなくなっていった。

女性作業員の受け入れと収集業務の始まり

清掃職場は男性が多くこれまでも女性の採用は無かったため、女性を受け入れる側にはかなりのハレーションが生じてしまう。同じ職場で勝亦氏を受け入れる側となった高橋正幸氏（東京清掃労働組合大田総支部書記長）がその時の状況を語ってくれた。

２０１７年10月から勝亦氏が非常勤職員として採用されると決まった際の職場の反応は、女性が来ない職場だと思っていた清掃職員が多かったため、ほとんどが半信半疑で、「嘘ではないか」とも言っていた。職場の中では、女性の受け入れを好意的に受け止める者もいれば、これまでの男職場の雰囲気が染みついている者はそれほど好意的に受け止めず、趨勢は半々といった状態であった。

勝亦氏がこのような雰囲気であった蒲田清掃事務所に最初に足を踏み入れた際の率直な感想は、「おじさんばっかり」である。一番年が近いのは２０１７年に採用された30歳前後の清掃職員2名であり、彼ら以外は40代以上の職員ばかりであった。通常、１００人程度いる男性清掃職場に若い女性が一人で入っていくのは憚られるが、勝亦氏は特に何も感じず職員の中に入っていった。その勝亦氏を受け入れた男性清掃職員の多くは、20歳以上も年齢が離れていたため自分の娘や孫のように接した。

実際に収集業務が始まり仕事に従事してみると、臭いは意外ときつくなく、女性でもできる仕事だと思えた。また、労働環境が整備されているため、朝は早いが残業はほとんどなく、18時からの練習に間に合いしっかりと練習ができることから、「こんな良い仕事はない」と思うようになった。

非常勤職員として仕事を始め出した頃は、中年男性職員の作業スタイルに合わせ、一緒に走りながら収集業務を行っていた。当時は、収集業務はそういう仕事だと思い、むしろ「おじさんたちに負けちゃいけない」と思い、きびきび走りガツガツとごみを積み込んでいた。しかし、いくら一生懸命頑張っても一部の男性職員からは、「足が遅い」「ついてこられていない」「それだけしかごみを積めないのか」と言われたりもした。そして、最後には「女の子だからしょーがない」とも言われた。

そのように言われることもあったが、勝亦氏は積極的に職場に馴染む努力をした。廊下で話すきっかけがある時は話し、先輩方の顔と名前を覚える努力を惜しまなかった。昼休みも休憩室で男性清掃職員の中で一緒に過ごした。

その後も清掃業務を約1年間従事し、2018年10月に清掃職員の募集があったため受けたところ合格し、2019年4月から大田区の清掃職員として働くこととなった。[35]なお、空手については、自分の納得できるレベルまで強くなれたと思えたので、道場の子どもたちに強くなってほしいと願い、自分のやってきたことを教え彼らの育成に励んでいる。

女性清掃職員が生み出す効果・可能性

非常勤職員の時には、固定した現場ではなく、毎日違う清掃車に乗務し様々な現場で可燃ごみや不燃ごみの収集を行っていた。どの現場に行っても収集作業中は周囲から注目を浴び、通行人からは二度見されることもよくあった。住民からは「女の子なのに大変ね」「臭いが今日もきついわね」とよく声をかけられた。その一方で、「職員さんはおじさんばっかりで話しかけ辛いし、近寄り難かった」「あんたが来てくれてよかったよ」とも声をかけられた。

実際に筆者が勝亦氏の作業風景を見させてもらった際にも、マンションの女性管理人は近くにいた男性清掃職員よりも勝亦氏に分別についての質問を寄せていた。住民にとっては女性の方が声を気軽にかけやすいようである。今後の行政のアンテナ機能としての収集職員のあり方を考えれば、女性清掃職員の方が住民ニーズを汲み取る機会に恵まれるのではないかと思える光景であった。

勝亦氏の加入により職場の男性清掃職員に現れた変化は、身だしなみに気をつけるようになり、総体的に服装が清潔になっていったことである。非常勤職員の時には毎日収集現場が変わ

マンションの管理人さんへの対応の様子

り組む相手も変わっていたため、特定の男性清掃職員ではなく全体が清潔感を意識するようになり、作業着に穴が開いている、シミがある、臭う、という状態は改善されていった。これは住民にとってもメリットとなった。身なりが悪く清潔感に欠ける姿で作業していると近寄り難く気軽には話しかけにくい。清潔な格好で作業をしている方が見ていて気持ちが良く気軽に話しかけやすい。勝亦氏の効果は思いがけないところにも及んでいる。

　今後の勝亦氏の活躍は、清掃業務のイメージアップに大きく寄与していくと思われる。現在のところ収集業務にしか携わっていないが、そのうち幼稚園や小学校に出向いた「環境学習」にも携わるであろう。その際には、女性清掃職員のインパクトを活かし、園児や児童に清掃行政への興味をいっそう抱かせるであろう。また、生活環境や地球環境を守る業務に従事する清掃職員への憧れを抱かせるかもしれない。他方で、高齢化が進んでいく中で独居老人や障がい者を対象にした「訪問収集」が全国各地で展開されているが、女性が当該業務に携わる際には、独居女性老人へ向けた新たなサービスを生み出していく可能性もある。さらには、雇上(ようじょう)車の運転手には女性もいることから、今後も女性清掃職員が採用されることで、女性だけの収集ユニットが結成できる可能性もある。女性ならではの視点から特徴のある収集サービスを考案し展開していくことも考えられる。

「女だから」という言葉への思い

勝亦氏は自らの運動能力を活かし、組んだ相手に合わせて業務に取り組んでいたが、「女だから」という言葉を浴びせられる度に不快感を覚え、それに反発していっそう業務をこなしていった。一方で、「女の子なのに頑張り過ぎだ」「汚いのが入っているから俺がやる。触らなくてもいいよ」と女性であることへの配慮を示す男性職員もいた。勝亦氏は、このような「女だからできない」と「女だからしなくてもいい」という相反する言われ方の中で仕事を覚えていったが、清掃職員となった今の心境は、「出発したら男も女も、汚いも綺麗もない」である。

勝亦氏は清掃職員となった際に労働組合に加入した。そこでは様々な学習会に参加し、今後の清掃業務のあり方を考えてきた。その結果、「走り作業で迅速にごみを収集するだけが仕事の形ではない、住民とコミュニケーションを取り、街の変化にも目を向けながら収集業務に従事していこう」という結論に至った。それに加え、誰と組んでも「あなたとなら仕事がやりやすい」と言ってもらえるような仕事の進め方をしようと考えるに至った。

勝亦氏の作業の様子

このようなスタンスで仕事をすることで、「足が遅い」「ついてこられない」と言われることはなくなった。また、握力の違いからごみを一度に多く持てない分は迅速に行動して同量を積み込むようにする等、様々な方策を自ら考案することで、「それだけしかごみを積めないのか」と言われることもなくなった。

筆者は実際に勝亦氏の作業風景を見たが、性差を感じさせないきびきびとした動きに驚かされた。同僚の清掃職員の方から「一般的な女性のパフォーマンスと想定される以上をこなしている」と聞いていたが、その言葉どおりの作業ぶりであった。勝亦氏は手際良く複数個のごみを掴み、軽やかにバケットに積み込む収集業務を行っていた。大きなごみ袋を手際良く握って積み込む一連の動作は、「ガツガツ」という言葉でなく、「柔らか」や「滑らか」が相応しく、収集動作の「流れ」を重視した新たな形へと変化させているようであった。

今後の収集業務のあり方を真剣に考える中で、自らのスタンスを確立させて業務に従事している者はそれほど多くないのではなかろうか。その点、勝亦氏は業務へのビジョンを持ち、男社会の中で試行錯誤して自らのスタンスを確立し、与えられた仕事をしっかりと手際良くこなしている。今後の清掃職員として問われるのは、作業で一度に持てるごみ袋の数やスピードではなく、自らの仕事への確固たるビジョンを持って業務に従事し、住民サービスの質をいかに向上させていくかである。その点ではまさに「出発したら男も女もない」。

女性が活躍する清掃職場へ向けて

これまで清掃職場で働く女性を紹介してきたが、最後に女性が清掃職場で活躍する意義について述べてみたい。

本書の執筆にあたり、先述の大田区の高橋氏にインタビューを行ったが、その話の中で、女性清掃職員が今後の清掃職場のあり方の確立に向けて多大な効果を及ぼすと指摘された。少々長くなるが引用する。

「女性清掃職員が職場に入ってくることで、これまで男女平等や人権の感覚が薄かったと気づかされた。男性職員のみだと、ある意味、楽をしていたのではないかと思う。従来から男のタテ社会の中で年長者が命令し年下が従うことで職場全体の秩序が維持されてきた。近年では、このようなタテ社会は通用しなくなってきたと言われるようになったが、自らの職場で従来どおりのやり方が通用しているがゆえ、それほど現実味がなく無関係と思っていた。しかし、女性が職場に入ることで、従来の男のタテ社会の論理の強要は通用しなくなり、何か問題が生じた場合は根拠を示し、是々非々で対応していかなければならなくなった。これは、これまでの組織の陋習（ろうしゅう）を打破し、世間が向かう方向に職場が歩み始めるきっかけであると思える。また、職場の中からは、男女平等を信念に持つ清掃職員が掘り起こされ、今後のあり方を考えていく同志が現れる機会ともなった。清掃従事者はこれまで歴史的に『虐げられてきた』『差別されてきた』と言うが、悲劇の主人公でいるだけではいけない。差別されてきた人が職場で差別をしていては意味がない。すぐに解決するとは思わないが、勝亦氏をはじめ職場を巻き込みながら、人権感覚の涵養（かんよう）に努めていきたい。」

この指摘にもあるように、女性が男性職場に入ることで、前近代的な組織が現代的な組織へと進化していくきっかけが生じる。それまで男社会で閉鎖的であった職場に風穴があき、男女ともに働きやすく雰囲気の良い職場へと進化していく流れが生まれていく。そして職場が異性を尊重する雰囲気になればなるほど、人権感覚あふれる組織へと進化し、性別に関係なく清掃事業に関心を寄せる熱意のある人材が集まってくる可能性も高まる。その結果、清掃事業の質が向上し、住民サービスの向上へとつながっていく。

このような流れを生み出していけるかは、まずは、職場のリーダーが女性が働きやすい職場環境をいかに作りあげていくかにかかっている。職場リーダーは、結婚、出産、育児に関する休暇を女性のみならず男性も遠慮なく取得できるように、職場の仲間へ理解を求める働きかけや、休暇を取得しても職場に迷惑がかからないような体制や環境づくりに尽力していく必要がある。一方、職場の構成員には相手の立場に立って考え、思いやるという行動様式を身に付ける不断の努力が求められてくる。
今後も清掃の現場における女性の活躍や清掃職場の進化を、しっかりと観察していこうと思う。

【注】
33　2016年7月4日付、産経新聞夕刊記事「京都のごみ収集や消防　体力と技術努力で信頼」を参照。
34　2017年12月5日付、朝日新聞記事「『さくら』咲くごみ収集」を参照。
35　清掃職員に採用された背景には次の経緯がある。清掃労組支部と区当局が交渉後にダイバーシティの話をしていた際に、たまたま「これからは女性も採用していかなければならないのでは」という話が出た。それに当局側が「その方向で考えましょう」と返し、女性の職員を採用する道が拓けていった。

第7章

住民参加と協働による繁華街の美化

ごみの無法地帯：新宿二丁目

筆者は２０１６年に新宿東清掃センターでのごみ収集の参与観察に入るまで、新宿二丁目がＬＧＢＴ[36]関係の街とは恥ずかしながら知らなかった。前著でも当時の状況を取り上げているが、新宿二丁目は約４００軒と言われるゲイバーをはじめとするＬＧＢＴ関係の飲食店などから四六時中排出されるごみが後を絶たない地区となっていた。

これらの道路に出されたごみや資源の中には、繁華街の中に居住している人もいるため家庭ごみも存在する。しかし、排出されたごみのほとんどが飲食店等からなので、廃棄物処理法上は事業者が処理しなければならない。それにもかかわらず、ごみが通りに山積みにされ続け、街の環境衛生を損ねるため新宿区が収集を行っていた。しかも排出されるごみが後を絶たないため、特別にごみ収集車が毎日収集する「日取り[37]」が行われるようになっていた。さらに、収集後にもひっきりなしにごみが排出されるため、軽小までも別途巡回させ収集を行っていた。

このような収集を行うのは、当時の新宿東清掃センターが「新宿二丁目はルールどおりにしていられない。毎回毎回排出されるので綺麗にしておく」と判断したからであった。このように新宿二丁目はごみの排出が絶えず、ごみがごみを生み出すがごとく不法投棄もなされるためまさに「ごみの無法地帯」と化し、行政側は出されたごみをひっきりなしに収集するしかない状態であった。

しかし、このようなごみが溢(あふ)れかえる新宿二丁目の状態を憂えた1人の人物の行動が端緒となり、地域に関連する様々な主体が参加する取り組みに発展し、それぞれが持つ力を出し合って協働する形が形成された。そして、街のごみ排出が劇的に改善され、美化が推進される状態へと変貌を遂げるまでになった。また、今後分別が進んでいけば、「リサイクルが徹底された環境にやさしい街」として歩んでいく可能性までも見えてくる状況となった。

そこで第7章では、街の美化はまだ途上にあるものの、新宿二丁目が変貌を遂げた過程を参加した各主体の活動状況から明らかにするとともに、各主体の抱える今後の課題や、他地区での取り組みに参考となるよう、成功要因の抽出を行っていきたい。なお、筆者は、新宿二丁目には様々な立場で長期にわたって関わりを持ってきたので、それらの調査から得た情報を基に、現場目線から迫ってみたい。

図表7–1　新宿二丁目での調査日程と調査内容

年	日付	調査内容
2019年	1月4日	排出状況・収集状況の現地視察
	1月15日	フタミ商事二村孝光氏へのヒアリング
	2月6日	「二丁目海さくら」のごみ拾いに参加
2020年	7月6日	新宿東清掃センター「ふれあい指導班」にて排出調査に同行
	7月20日	新宿東清掃センター「ふれあい指導班」にて排出調査に同行
	7月23日	「二丁目海さくら」のごみ拾い(ブルーサンタ)に参加
	7月27日	新宿東清掃センター「ふれあい指導班」にて排出調査に同行
	8月19日	「二丁目海さくら」のごみ拾いに参加
	9月4日	白井エコセンターの収集サービス説明会に参加
	9月9日	「二丁目海さくら」のごみ拾いに参加
	9月11日	二村氏のテナントへのごみ収集民間委託の説明へ同行
	9月24日	二村氏のテナントへのごみ収集民間委託の説明へ同行
	9月28日	新宿東清掃センター「ふれあい指導班」の夜間の周知活動に同行
	9月29日	新宿東清掃センター「ふれあい指導班」の夜間の周知活動に同行
	10月1日	排出状況・収集状況の現地視察
	10月5日	排出状況・収集状況の現地視察
	10月12日	排出状況・収集状況の現地視察
	10月14日	「二丁目海さくら」のごみ拾いに参加
	10月19日	排出状況・収集状況の現地視察
	10月21日	排出状況・収集状況の現地視察
	10月26日	区議会議員3人と排出状況・収集状況の現地視察
	11月2日	排出状況・収集状況の現地視察
	12月9日	「二丁目海さくら」のごみ拾いに参加
	12月10日	二丁目町会・二丁目振興会・行政・白井エコ・新千鳥街、天香ビルとの意見交換に同席
	12月12日	アコードビル前集積所廃止に伴う夜間張り込みに参加
	12月13日	二村氏・中根氏と共に早朝の排出状況調査
	12月16日	田辺雄二氏(ゲイバーのママ)にヒアリング
	12月22日	新宿二丁目町内会会長にヒアリング
	12月30日	ゲイバーママ有志のごみ拾いに参加
2021年	1月13日	新二丁目振興会のごみ拾いに参加
	1月20日	新二丁目振興会のごみ拾いに参加
	1月27日	新二丁目振興会のごみ拾いに参加
	2月3日	新二丁目振興会のごみ拾いに参加
	2月17日	新二丁目振興会のごみ拾いに参加
	3月3日	新二丁目振興会のごみ拾いに参加
	3月24日	「二丁目海さくら」のごみ拾いに参加
	3月31日	新二丁目振興会のごみ拾いに参加
	4月7日	新二丁目振興会のごみ拾いに参加

事業者から排出されるごみ

新宿二丁目での取り組みを述べる前に、事業者から排出されるごみに関する知識を整理しておきたい。

廃棄物処理法上、廃棄物は「一般廃棄物」と「産業廃棄物」に分類される。「一般廃棄物」は「ごみ」「し尿」「特別管理一般廃棄物」に分類され、さらに「ごみ」は「家庭ごみ」と「事業系ごみ」に分類される。一方、「産業廃棄物」は「事業活動に伴って生じた廃棄物のうち法令で定められた20種類」と、「特別管理産業廃棄物」に分類される（図表7－2）。

この分類は廃棄物側から見た分類であるため、これを排出者側から見ると少々分かり辛くなる。通常、一般家庭からは「家庭ごみ」が排出されるのみであるが、事業者からは一般廃棄物扱いとなる「事業系ごみ」と産業廃棄物扱いになる「事業活動に伴って生じた廃棄物のうち法令で定められた20種類」の両者が排出される。これらをもう少し詳細に見てみると、図表7－3のように整理できる。

ここに面白い現象が生じる。次の例で説明してみたい。板橋区に居住している筆者が、コンビニ弁当を自宅と大学で食す場合に生じるごみは、廃棄物処理法上どのように位置づけられる

図表7–2　廃棄物の種類

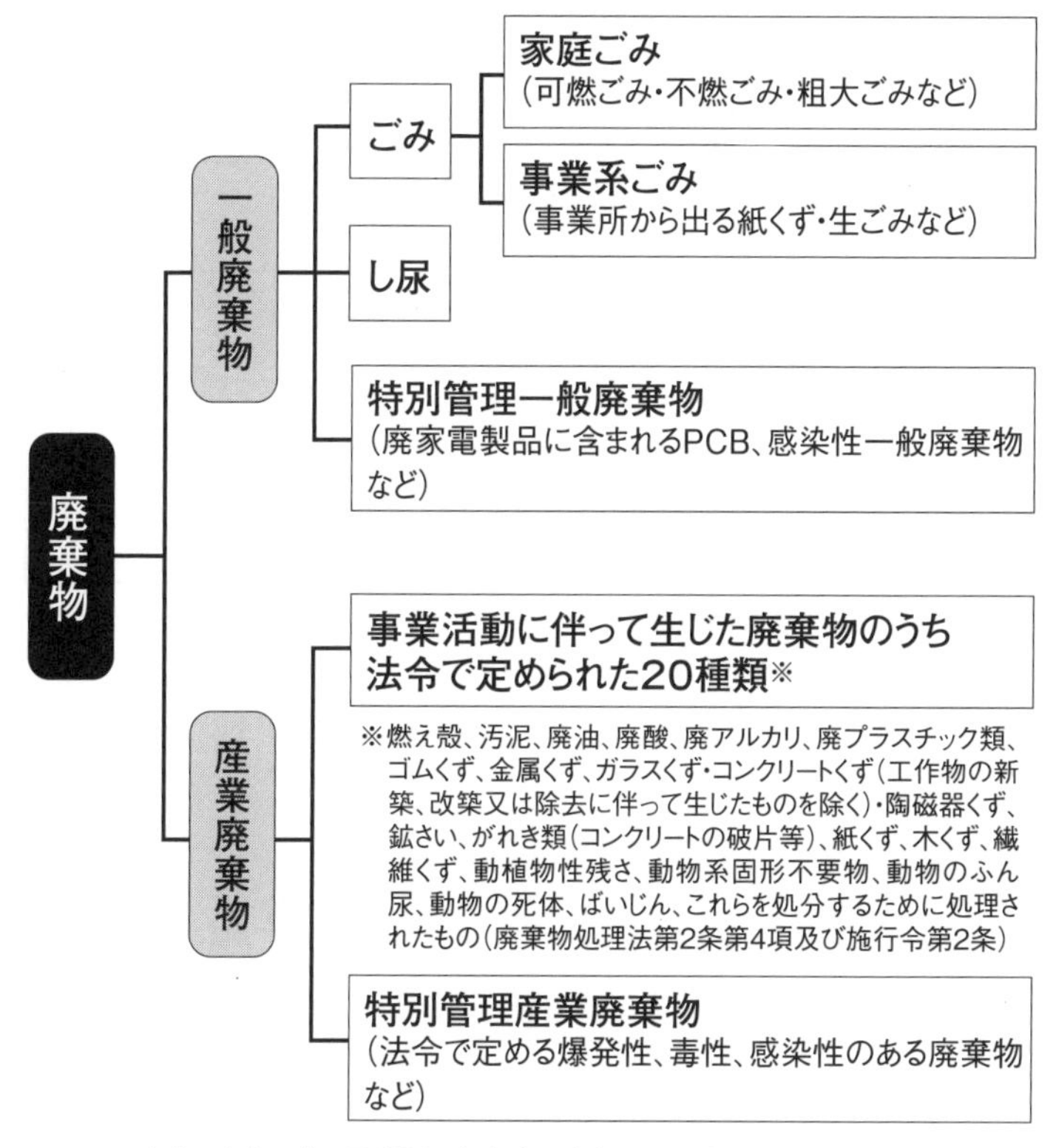

出典：東京二十三区清掃一部事務組合（2020:35）

図表7–3　事業者から出されるごみの種類と区分

種別	具体的な内容	区分
燃えるごみ	紙、衣類、コーヒーかすや野菜くずの生ごみ など	一般廃棄物
燃えないごみ	ビニール、プラスチック製品、ガラス、ゴム、金属類 など	産業廃棄物
弁当がら	弁当容器（紙製は燃えるごみ）、カップ麺容器、トレイ、菓子袋 など	
びん	ビールやジュースのびん、ジャムのびん など	
缶	ビールやジュース、コーヒーの缶	
ペットボトル	ジュースやお茶のペットボトル	

出典：大田区環境清掃部（2016）

のかを確認する。自宅でコンビニ弁当を食す場合、食後に出る弁当がらと食べ残しは「家庭ごみ」に分類され、可燃ごみとして1つの袋に一緒にして排出するようになる。[38] しかし、筆者が大学の研究室で食し同様のごみを大学にあるごみ箱に捨てると、事業から生じるごみとなる。そして大学は、廃棄物処理法上、食べ残しは一般廃棄物として処理し、弁当の容器やプラスチック製品は産業廃棄物として処理しなければならない。同じ弁当から生じるごみでも、排出する場所や処理する主体が相違すれば、廃棄物処理法上のごみの位置づけは変化する。

さて、廃棄物処理法によると、「事業者は、その事業活動に伴つて生じた廃棄物を自らの責任において適正に処理しなければならない」（第3条第1項）と定められている。さらに、産業廃棄物については、「事業者は、その産業廃棄物を自ら処理しなければならない」（第11条第1項）と事業者の産業廃棄物の自己処理が入念に規定されている。よって、当該条文のとおり、事業者は自らの事業で生じた廃棄物は自らの責任で処理する必要がある。しかし、自らでは処理できないため、民間の廃棄物処理の許可業者（以下、廃棄物処理業者）に処理を依頼せざるを得ない。ところが、依頼を受ける廃棄物処理業者が、全ての事業者からの処理の依頼を受けられるかといえばそうではない。小規模事業者から排出されるごみが少量ならば採算が合わず、引き受けてはもらえない。そこで廃棄物処理法では、「市町村が一般廃棄物とあわせて処理することができる産業廃棄物」と、「市町村が処理することが必要であると認める産業廃棄物」については、市町村が処理することができると定めており（第11条第2項）、23区では、各区が定める1日あたりの平均重量未満の事業系ごみを排出する事業者については、それぞれの区が発行する「事業系有料ごみ処理券」（以下、有料シール）を購入してごみや資源に貼付すれば、区の収集に出せるようにしている。その場合、容器包装プラスチック、びん、缶、ペットボトル、スプレー缶・カセットボンベ・乾電池、については、別々の袋に分けた上でそれぞれに有料シールを貼付する必要がある。料金は大きさによって相違し、1個あたり76円（10ℓ）、152円（20ℓ）、342円（45ℓ）、532円（70ℓ）であり、有料シールを購入してそれぞれの袋に貼付しなければならない。なお、このような地方自治体が行う家庭ごみ収集と合わせて処理される事業系廃棄物は「あわせ産廃」、一般廃棄物は「あわせ一廃」と俗に呼ばれている。

正月明けの新宿二丁目の惨状

筆者の新宿東清掃センターでの調査は２０１７年3月31日で終了となったが、その後も新宿二丁目のごみ問題への関心は持ち続けた。しかし、制服を着用して作業する時のみ新宿二丁目に入っていたため、地元の方々とは接点を作れず、現場へのアプローチが難しくなっていた。調査後は前著の執筆や出版後の講演や論文執筆依頼も重なったため、しばらくは新宿二丁目の観察ができない時期を過ごした。そのような状態であったが、ごみが1年で一番多くなる年明けの惨状は確認しておきたく思い、２０１９年1月4日の早朝に新宿二丁目のごみ排出状況を視察しに現地へと向かった。

年末の新宿区による収集は12月30日が最終日であるため、12月31日から1月3日までの4日間は収集が行われない。新宿二丁目の歓楽街は年末年始に多くの客で賑わうが、当然ながらそれと共にごみや資源が排出される。よって、正月開けの1月4日は大量のごみが排出される日となる。通常は「日取り」によって辛うじて衛生的な環境が維持されているが、年末年始は「日取り」は行われないため、当該4日間に溜まるごみや資源は相当な量となった。仲通り、花園通り、御苑大通りのあちこちにごみの山ができており、一部は歩行者の通行ができないほど歩道に山積みされた状況となっていた。

一見すると集積所にごみがまとまって出されているように見えるが、近寄って一瞥するだけでも、全くと言っていいほど分別ルールが守られていないごみばかりであった。ルールに基づいて排出されているのであれば、これらの集積所には、「可燃ごみ」扱いとなる生ごみ、容器包装プラスチック以外のプラスチック製品、中身が残り汚れが取れない容器包装プラスチック、ゴム製品、皮革製品、紙くず等が、半透明のごみ袋に入れられて置かれていなければならない。

歩道に積まれたごみ。洗濯機も不法投棄されている

御苑大通りのアコード新宿ビル前集積所

さらに、事業者が排出する場合は、ごみ袋の容量に合った有料シールを貼付しなければならない。しかし、一見するだけでもそのような袋は見当たらず、食べ残し、びん、缶、ペットボトル、スプレー缶が同一の袋の中に一緒くたに入れられているごみばかりであった。また、それらと共に、「金属・陶器・ガラスごみ」扱いとなる割れた陶器やガラス、傘、小型家電製品、蛍光灯、電球も排出

されていた。さらには、「粗大ごみ」扱いとなる椅子や家具、机も排出され、区では回収できない家電リサイクル法に基づくリサイクルを行う義務がある洗濯機までも投棄されていた。当然ながらこちらも「有料粗大ごみ処理券」は全く貼付されていなかった。このような状況に鑑みると、新宿二丁目はまさに「ごみ排出に関しては無法地帯」となっていた。

新宿二丁目の美化の端緒となった人物

さて、本章にて新宿二丁目が住民参加とあらゆる主体の協働により変貌を遂げていく過程を明らかにしていくが、その前にその動きの端緒となったキーパーソン2人を紹介しておきたい。

1人目は新宿二丁目で不動産業を営む二村(ふたむら)孝光氏(40)である。二村氏は新宿二丁目で生まれ、自宅はゲイバー街にある自社ビル(フタミビル)の5階であり、その階下のテナントにはゲイバーが入っているという生活環境で育った人物である。ゲイバーは夜通し営業するため、朝となり小学校に通学する時には酔っぱらった客にちょっかいをかけられることもしばしばあった。中学生になると性的対象に見られるようになり、身の危険を感じるようになった。ゲイの人に追いかけられたり、友達を家に連れてきてもゲイの人が沢山いるのに不快感を示されたりするにつれ、自分が二丁目に生まれ育ったことに嫌悪感を抱くようになっていった。そして、

親に「引っ越したい」と懇願し、14歳で新宿二丁目から去り西早稲田で生活するようになった

二村氏はその後大学に進学し、卒業後は不動産管理会社に就職した。3年勤務した後、家業を継ぐ意思を固め、親が新宿二丁目で営む不動産会社「フタミ商事」に戻ってきた。それほど不動産の知識やスキルが無い状態で戻ってきたため、仕事を進めていく上では非常に苦労を重ねた。さらに、その後間もなく家庭の事情により、27歳で社長に就任せざるを得なくなった。不動産の知識も少なく、新宿二丁目のこともよく分からない状況だったので、日々不安でしかたない状態だったが、会社を回すしかなく、不動産物件の仲介・管理業、自社ビルの賃貸業に関する業務に邁進（まいしん）していった。管理物件のうち新宿二丁目の物件は350あり、また、いくつも自社ビルを所有しているため左団扇（ひだりうちわ）かと思いきや、古くなった建物も多いため管理業務の実態は過酷であり、夜中に水漏れで呼び出されることも頻繁にある。しかし、管理業務を通じて新宿二丁目界隈のビルオーナー[39]との面識を持つことができ、また、賃貸業務を通じてゲイバーのママとも面識を持つようにもなっていった。業務に従事するにつれ、新宿二丁目における二村氏のプレゼンスは向上し、「新宿二丁目に精通した不動産屋」という独特のポジションを確立していくようになった。よって二村

二村孝光氏

氏は、「現在の自分があるのは新宿二丁目があったからだ」と思う気持ちを強く持つようになり、その「新宿二丁目に恩返しをしたい」という思いを抱くようになった。

田村兼二氏

2人目は新宿東清掃センターの統括技能長の田村兼二氏（50）である。筆者の新宿東清掃センターでの調査終了日の翌日に、前任者の定年退職により統括技能長に就任した。それまでは歌舞伎町清掃センターにて、歌舞伎町の美化に携わってきた職歴を持つ人物である。新宿二丁目と同様に分別されず有料シールも貼付されていないごみの山を一掃し、歌舞伎町の美化を進めるプロジェクトに携わってきた[40]。

田村氏は筆者が登壇した2018年11月開催の「第55年次地方自治研究集会」（東京清掃労働組合主催）に参加し、そこでの講演内容について直接意見交換する機会を持つようになり、それを契機に田村氏とのつながりができた。田村氏は若い統括技能長であり、非常に勉強熱心な人物で、筆者が抱く疑問に対していつも懇切丁寧に回答して下さる清掃職員である。その田村氏に、筆者の前著に興味を抱いていた二村氏を紹介して頂き、その後の二村氏へのインタビューを通じて二村氏との仲が構築されていくようになった。よって、田村氏が二村氏とつなげてくれたことにより、筆者は新宿二丁目との接点が持てるようになったと言える。

ごみ問題に関心を持ち始める二村氏

二村氏が新宿二丁目のごみ問題について考え始めたのは、2015年頃からである。子どもと参加した花園神社の大祭で子どもも神輿(みこし)や山車(だし)を引いた後、仲通りの地べたに座りアイスを食べていた時、ふと後ろを振り向くとごみの山があり、「このような状況を子どもに自慢できるのか」と思うようになった。また、新宿二丁目振興会[41]から、①遊びに来た人たちがポイ捨てしていく路上ごみへの対応、②日曜日に出されるごみへの対応、③新宿公園で飲み食いした後のごみへの対応について、新宿二丁目町会会長と、ビルの管理を引き受けている二村氏にごみ問題が相談されたことも契機となった。これを受けた二村氏は、「町会は月に2回昼間に清掃活動を行っているが、不法投棄対策までは手を付けていなかった」「テナントの方々が考える以前に、町会や家主側が率先して考えるべきではないか」と考え始めるようになった。そして、新宿二丁目は多様性のある魅力的な街なので、ごみ問題によって「モラルが低い人が集まるところだと思われたくない」という気持ちとなり、世界中から人が集まるオリンピックまでには成果を出すことを目標にした。

そこで二村氏は今後のごみ問題の解決へのステップとして「ゴミノミクス3本の矢」を考えるに至った。

①ごみは分別し閉店後の夜0時から朝8時まで（日曜日を除く）の間に捨てる。日曜日は捨てない。ポイ捨てはしない。

②ごみ集積所を止めて各ビル前に排出するようにし、ビルごとにごみを管理する。事業用の有料シールが貼られていないごみは収集しない。

③「仲通り会[42]」、各ビル又は複数ビルごとに、廃棄物処理業者と契約して有料で収集してもらう。日曜日の収集を実現する。

といった方針であった。

二村氏はこのような大きな方向性に基づき、どこからごみ問題を解決していくかを検討した。そして、土曜日の閉店後に出されるごみが多く、日曜日には収集されず街に溢れかえる状況になるため、日曜日の収集の実現から手掛けていくようにした。

新宿二丁目のごみ問題解決に向けた協働のはじまり

2017年4月、二村氏は、新宿区ごみ減量リサイクル課に複数回足を運び、日曜日に新宿二丁目の収集が可能かどうか、また、日曜日に収集してくれる廃棄物処理業者を紹介してもらえないか尋ねた。しかし、「特定の廃棄物処理業者は紹介できないためご自身で探すように」と説明を受けた。実際、普通ごみの処理業者は１５０社以上あり、素人がどのように廃棄物処理業者を調べて良いか分からなかった。そこで、二村氏は所管となる新宿東清掃センターに相談しにいった。そしてその場で対応したのが田村氏であった。

相談を受けた田村氏は、これまでの新宿二丁目の不適正排出ごみに対して、何でも軽小で巡回収集する対応を続けていても改善が見込めないのではと感じていた。当時は、周辺の環境衛生を考慮し、収集曜日外に排出されたごみや不法投棄物は、残置せず収集する対応をとっていたが、これを長年続けたことで不適正排出しても収集されると周囲に認識され、かえって不適正排出を助長する結果を招いていると考えていたからである。そこで田村氏は、歌舞伎町清掃センターでの経験を踏まえ、複数の施策を用いて段階的に改善していく策を考案した。それは、ごみの集積所を廃止して各ビルの前にごみを排出するように分散させ、排出するごみに責任を持たせていく一連の手法であり、次の手順で町会と協働して改善に至る方策を提案した。

①新宿二丁目を仲通りと花園通りを境にして、Ａ・Ｂ・Ｃ・Ｄの４つのブロックに分ける。

②ブロックごとに集積所のマップを作成し、町会側でビルオーナーにビル前への集積所設置への了承を得る。得られればマップにマークして、「資源・ごみ集積所確認申出書」とともに新宿東清掃センターに提出する。

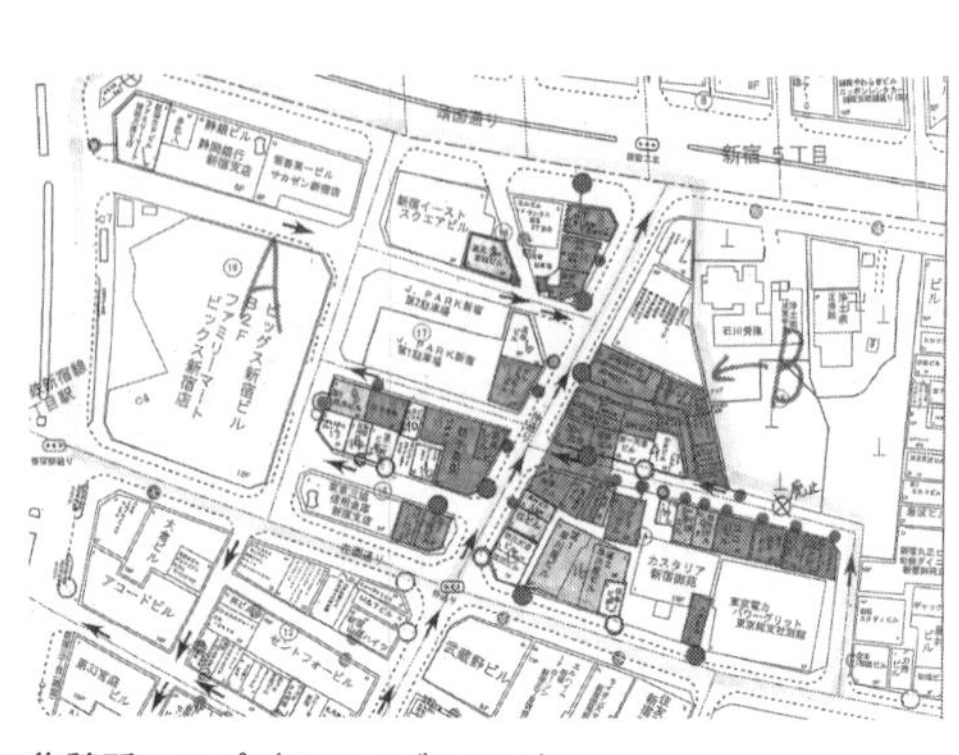

集積所マップ（Ａ・Ｂブロック）
出典：二村氏からの提供資料

③提出を受けた新宿東清掃センターはビルオーナーへ連絡し、立ち会いの上でビル前に設置するごみ集積所の位置を確定する。

④ビルオーナーは各テナントへ、ごみ集積所の場所、収集曜日、分別方法の書かれたお知らせを配付する。

なお、これらを実行する前提として、これまで新宿東清掃センターが行ってきた軽小での巡回収集を他地区との公平性の確保の観点から中止し、小プでの収集のみ実施するようにした。

この手順によれば、全てを行政に任せてしまうのではなく、町会側がかなりの労力を割いてビルのオーナーと交渉する必要があり、本気で新宿二丁目のごみ問題の解決に取り組む意思がなければ到底できないプランでもあった。町会側の窓口として対応に当たった二村氏は当該手順に従い、２０１８年から２０１９年にかけてビルのオーナーと地道に交渉して了承を取り付けていった。結果、Ａ・Ｂブロックについては２０１８年12月までに、Ｃ・Ｄブロックについては２０１９年１月までに交渉を終え了承を取り付けることができた。

一方、新宿区でも新宿二丁目対策に力を入れ始め、新宿東清掃センターの田村氏とともに、その部下の技能長の市野瀬浩氏（49）と船木正人氏（48）、「ふれあい指導班」8名、総勢11名の実働部隊により、一歩ずつ着々と対策を講じていった。そこでは、全集積所の定点調査等を行った結果、基本的なルールから周知する必要があると判断し、収集曜日、分別方法、有料シールの貼付をブロック別に段階的に周知し浸透させる方法を採用した。その周知に当たっては、不適正廃棄物の取り残しに始まり、対象地域の約800事業者に対して何度も周知チラシを投函するだけでなく、夜間の営業時間帯も含めて可能な限り訪問して直接周知し[43]、事業者の疑問や誤解を解くことで徐々にルールが守られるようになった。また、排出状況が酷いアコード新宿ビル前集積所へは、不法投棄対策用カメラの設置、夜間調査の実施、時間外排出者への夜間の説明・指導を行った。さらに、新宿二丁目町会との協働を進め、町会の会合に出席して役員やブロック別の担当者との意見交換や協議を行ったり、町会とともに日曜日の排出状況の確認を実施したりした。

「二丁目海さくら」の結成とごみ拾い活動の展開

新宿二丁目のごみ問題解決へ向けた対策が進められて行く中、2017年6月に二村氏は、目に見える活動によって新宿二丁目の事業者にごみ排出への意識改革を迫ることを目的として、ボランティアのごみ拾い組織「二丁目海さくら」を立ち上げた。そこでは毎月1回、街に関心を示す人々がボランティアで約30分~40分間街を楽しみながらごみを拾ったり、時にはごみ拾い後にイベントを開催したりし、街の雰囲気を感じ楽しく新宿二丁目を綺麗にしていく取り組みを行っていった。

当該「二丁目海さくら」の活動の母体は、神奈川県の江の島で2005年からビーチクリーンを行ってきた「海さくら」[44]である。「目指せ！日本一楽しいゴミ拾い！」をモットーに、江の島に「かつて生息していたタツノオトシゴが戻ってくるくらいキレイにする」という目標をかかげ、「楽しく」「楽しめる」活動を継続している団体である。この「海さくら」は江の島でのごみ拾い活動を全国各地に波及させており、ハワイ、ブラジルでも現地団体により活動が展開されている。その一つとして、ごみ問題に悩む新宿二丁目でもごみ拾い活動を波及させようと、「海さくら」の代表者の友人（新宿二丁目で飲食店を経営）を通じて二村氏に打診がなされた。それを二村氏が引き受け「二丁目海さくら」が誕生した。そして2017年7月17日の海の日に、「世界一綺麗な繁華街」を目指し、「日本一楽しいごみ拾い」と称してごみ拾いイベントを開催した。本家「海さくら」の活動時と同様にブルーのサンタクロースの帽子やシャツを着用し、深夜0時から約1時間のごみ拾いを行った。当日は、新宿二丁目の飲食店とその客、町内会メンバー等の約100名が参加し、可燃ごみ90袋、不燃ごみ90袋分を収集した。

その後、「二丁目海さくら」の活動は月1回のペースで続けられ、2021年3月で40回目を迎えた。緊急事態宣言中は活動を控えていたが、今後も月１回のペースで新宿二丁目のごみ拾いを行う予定である。

筆者は、２０１９年１月に二村氏にインタビューして以来、「二丁目海さくら」のごみ拾いイベントに参加している。近年は19時スタートとなり30分程度ごみ拾いを行っている。参加者は共同代表の二村氏と、ゲイクラブのステージ上やフロアで観客を盛り上げるゴーゴーボーイ（ダンサー、パフォーマー）として活躍しているナヲト氏が用意したトングとビニール袋[45]を持ち、任意の人とペアを組み簡単な会話を楽しみながらＡ・Ｂ・Ｃ・Ｄの各地区に分かれてごみ拾いを進めていく。このような「二丁目海さくら」の進め方は、異業種交流会のような様相を呈し、様々な出会いや情報交換の場ともなっている。筆者は「二丁目海さくら」を通じて、ごみ問題に関心を寄せる新宿区議会議員の大門（だいもん）さちえ氏、新聞記者、ゲイタウンの形成を研究する大学院生、ＬＧＢＴの方々と知り合うことができた。

2020年７月23日の様子。海の日はブルーサンタのコスチュームで行う
出典：二村氏からの提供写真

「二丁目海さくら」の活動は、月１回ではあるものの毎

回30名程度のボランティアがごみ収集を行うため、その様子を見るごみ排出者へ無言のプレッシャーを与える。また、通行人にも、ごみのポイ捨てや不法投棄を抑止する雰囲気が作られていく。しかし、それはごみ拾いの間のみで、翌日の朝には相変わらず未分別のごみや、有料シールを貼付しないごみが排出されている。二村氏はやりきれない気持ちになることも多々あるが、少しずつ排出者の意識が変わっていくことを祈り、活動を継続させている。

また、「二丁目海さくら」の活動予告はTwitterで周知され、新宿二丁目の街に関心を持つ者が気軽に参加できる形となっている。よって、「二丁目海さくら」は清掃を通じた自治活動への参加のハードルを低くし、清掃によるまちづくりの場の一つとなっている。

集積所廃止へ向けた取り組みと住民の意識

集積所の分散設置は、2018年から2019年にかけて町会側のペースに合わせて徐々に進められていった。当時の状況として、ビルのテナントから排出されるごみをどこの集積所に置いて良いのかが、テナント、オーナー、町会、清掃職員ともに誰も分からず、集積所に出されたごみがどこのビルから出されたのかが判明しない状況であった。また、集積所には複数のビルからごみが排出されてごみの山ができてしまうので、ポイ捨てや不法投棄を誘発していた。

そこで、ごみ排出への責任の所在を明確にするため、ビルごとに集積所を設定するように変更していった。

町会がビルのオーナーの了解を取り付けてビル前に集積所が確定されると、これまでの集積所は廃止して、ビル専用の集積所である旨を示すポスターを作成して周知していった。[46] そして、これまで排出状況が悪かった集積所7か所を廃止し、新たに59か所をビル前に設定した。これ

ビルごとの専用ごみ置場を明示するポスター

廃止された成覚寺裏集積所
出典：二村氏からの提供写真

により、ごみの排出者やテナントのオーナーにごみ排出への責任が自覚されるようになるとともに、不法投棄が抑制されていった。とりわけ不法投棄が絶えなかった成覚寺（じょうかくじ）裏の集積所の分散・廃止はかなりの効果をあげ、街の美化を実感できる事例となった。

　このように町会と新宿区との協働により集積所の分散・廃止が進められていったが、町会の人々の意識はそれほど高まらず、二村氏はまさに孤軍奮闘となっていた。当初Ａ・Ｂ・Ｃ・Ｄの各ブロック分けとその代表者の決定を提案したところ、町会の中には、「そんなことやっても解決できない」と言う人がいた。また、二村氏が集会にて、成覚寺裏の集積所の分散・廃止を報告したところ、不法投棄が絶えなかった場所がなくなり喜ばれると思っていたが、参加者からは「その影響なのか他の集積所に不法投棄が増えてしまった」という意見が出た。一部だがそれは事実であった。また、「全部やらせて悪いな」「焦らなくてもいいのでゆっくりやっていけば」と励ましの言葉はあるものの、まだまだごみ問題に対して無関心な人が多かった。自ら協力してくれるのは「二丁目海さくら」にも参加しているビルオーナー等、数名のみであった。

有料シール貼付への周知徹底

集積所の分散・廃止は２０１９年度で達成でき、それまでの無責任なごみ排出や不法投棄に一定の歯止めがかけられていったが、ごみ袋への有料シールの貼付の徹底までには至らなかった。有料シールの貼付無しでもごみは収集されていたので、その不公平を解消するため、２０２０年度から新宿東清掃センターは対策を強化していった。しかし、新型コロナウイルス感染拡大により4月に緊急事態宣言が発出され、それを受けた東京都が飲食店への休業要請を行ったため訪問による指導業務ができず、緊急事態宣言が解除された5月末から本格的に開始された。

梅雨空の下で調査を行う様子

　新宿清掃事務所での清掃指導の実務は「ふれあい指導班」が担っており、通常業務として、排出状況の悪い集積所の巡回や排出調査、排出者が判明すれば訪問して指導、排出者が不明の場合は警告シールの貼付を行っている。新宿東清掃センターではこれらの業務に加えて、新宿二丁目の有料シール貼付の徹底化へ向け、5月26日から新宿二丁目の全事業者（約８００事業者）を対象に、「事業系有料ごみ処理券貼付のお願いチラシ」をビルのポストや入口に投函して周知していった。また、6月18日からも2回目となる周知を行っていった。これらがかなりの業務量になったのは言うまでもない。

事業者のみなさまへ
事業系の**資源・ごみ**は、

すべて有料です!

10月1日以降有料シール貼付のない
資源・ごみは収集出来ません!!

新宿区の有料ごみ処理券(シール)を貼ってお出しください!

新宿区新宿東清掃センター　3353-9471

事業系の資源・ごみは
すべて有料です！

日頃より新宿区のリサイクル・清掃事業にご協力いただき有難うございます。

事業者から排出される資源・ごみは全て事業系有料シールが必要です。

令和2年10月1日以降、事業系有料シールが貼付されていない事業者から排出される資源・ごみは収集できませんのでご注意ください。

皆さまには、正しいごみの分け方・出し方のルールを守っていただくようご協力をお願いいたします。

以下の点にご注意ください

1. 事業所から発生する資源・ごみを区の収集に排出する場合には、すべて有料となります。有料ごみ処理券の貼付をしてお出しください。
2. 新宿区のルールに従って分別してお出しください。
3. 資源とごみは、各収集日（裏面参照）の朝8時までに指定された場所にお出しください。
4. シールは、右の標識のあるお店（区内コンビニ等）か、区役所（本庁舎7階）、清掃事務所、各清掃センター、特別出張所で販売しています。

新宿区新宿東清掃センター
℡　03-3353-9471

全事業者に対し配付されたビラ

また、新宿東清掃センターは、有料シール未貼付ごみの収集拒否の徹底に向けて、町会と新宿二丁目振興会との意見交換も行い、10月1日からの徹底に向けて準備を進めていった。その過程で、新宿二丁目振興会から貼付率や不適正排出率の調査の依頼があったので、その業務にも対応するようにした。

この調査の中に筆者も加えて頂いたが、約1か月にも及ぶ調査はかなり労力がかかる業務であった。というのは、新宿二丁目のごみ収集は8時から行われるが、その収集が始まる前までに、全ての集積所に排出されているごみ袋の総数、有料シールが貼付されているごみ袋の数、不適正ごみの個数を調査して回る必要があったからである。そのためには7時15分には現場に到着して、担当者総出で手際良く調査していく必要があった。そこでは、係員8人をA・B・C・Dの各地区に割り振り、各集積所に山となっているごみをかき分けて個数を数え、不適正なごみがあれば警告シールを貼っていくといった作業が行われた。この調査を行うには必然的に早朝出勤が伴うため、身体的な負担が伴う労働となった。しかし清掃職員の方々は颯爽（さっそう）と真摯に取り組んでおり、その作業風景からはコロナ禍にもかかわらず新宿二丁目を改善する本気度が伝わってくるようであった。

　その後、7月下旬からは、新宿東清掃センターは、新宿二丁目の全事業者に対し有料シール貼付への注意喚起チラシを投函していった。丁寧な周知が続けられ、9月中旬まで6回にわたり断続的にチラシが投函されていった。

　一方、二村氏は8月、新宿二丁目の中心スポットとなる交差点前の自社ビル（ニューフタミビル）の壁に、注意喚起のビラを拡大したポスターを掲示して、ごみ排出者への注意を促した。

中心スポットに大きく掲示されたビラ

ゲイバーママの有志によるごみ拾い活動とごみ排出の改善

新宿二丁目のごみ問題は、界隈のゲイバー等を含む飲食店やオフィスから排出されるごみに起因している。ここでいったん排出者側に目を向けてみたい。

新宿二丁目は以前から男たちの遊興の場として栄え、戦後は赤線・青線の色街となっていた。しかし、1956年の売春防止法により陰りが見えだし、代わって男性同性愛者たちが進出してくるようになった。1980年代には取って代わり、現在ではLGBT関係のバーが400軒以上新宿二丁目エリアに密集するようになっている。しかし、近年はインターネットの普及により同性愛者との出会いはSNSを通じてなされるようになり、必ずしも新宿二丁目に来る必要もなくなっている。

2000年、新宿二丁目を盛り上げるために、ゲイバーの店主（ママ）で構成される「新宿二丁目振興会」が商店組合として結成された。主な活動はLGBTの人たちで開催する「東京レインボー祭り」の実施、お店紹介の紙媒体チラシ「2丁目瓦版」の作成等である。なお、2019年の「2丁目瓦版」に記載された加盟店舗は124店であるため、新宿二丁目振興会に全てのゲイバーが加入しているわけではない。

新型コロナウイルスの感染拡大の影響により、２０２０年４月７日に緊急事態宣言が発出され、東京都からは外出自粛や飲食店の休業要請がなされた。ゲイバーはその影響を直に受け、臨時休業をせざるを得ない状況に追い込まれ、今後の店の経営に関する不安や悩みを抱えるようになった。意外ではあるがこれが契機となり、結果的に新宿二丁目の美化が推進されていく流れが生み出されていった。

その過程における中心的人物が、新宿二丁目でゲイバーを20年経営する田辺雄二氏（49）である。田辺氏は休業要請が新宿二丁目のゲイバーの存続に関わる重要な問題であると認識し、資金が枯渇しないような手立てを講じることを画策していった。そこで、所属する新宿二丁目振興会を通じて行政に対し家賃免除や補助金支給の要請を行うべく、振興会幹部へ署名集めをするように打診した。また、自らで「持続化給付金」「東京都感染拡大防止協力金」、日本政策金融公庫の「新型コロナウイルス感染症特別貸付」等の申請を行っていたため、それらの制度や得たノウハウを同業者のママに伝えていくためにＬＩＮＥグループを立ち上げ、関連情報を提供していった。これらにより同業者共に金銭面での店舗維持への目途が立つ

田辺雄二氏（コロナ禍のためゲイバーを休店せざるを得ず、2021年4月からはお好み焼き屋を新規で始めた）

ようになり、危機的な状況からいったんは脱することができた。しかし、コロナで時短や休業となり、時間を持て余すようになってしまった。そこで、仲間と共に、オリンピックが延期され東京レインボー祭りも中止となる中で、今後の新宿二丁目のために何をすべきかを考えるようになった。その場で思い付きのように出たのが、街の課題であった「ごみ問題」への取り組みであった。そして、まずは皆で協力して街を掃除して綺麗にしようという結論に至った。この背後には、新宿区が本気となって新宿二丁目のテコ入れを始めていたこともあった。

これまでゲイバーを含む飲食店は、新宿二丁目界隈にごみを排出する側であり、新宿二丁目のごみ問題の根源となっていた。この状況について田辺氏へインタビューを行ったところ事業排出者側の認識が把握できた。それはすなわち、それまで新宿二丁目の事業者のほとんどは、ごみ出しルールについて詳しく知らされておらず、ごみを所定の場所にまとめて置いておけば持って行ってもらえるという認識でいた。というのも、古いお店が新しいお店に引き継がれてもごみ排出について教えてもらえず、ゲイバーのママの間で「二丁目に持ってくれれば何でも捨てられる」と噂されていたため、とりあえず店で出るごみをまとめて袋に入れて外に出せば、新宿区のごみ収集車に持って行ってもらえると思っていたからである。そのため、「東京23区は分別の必要なし」「ごみはまとめて袋にポン」「出せば収集してくれる」という認識となっていた。これは、以前から新宿東清掃センターが新宿二丁目の衛生的な環境の維持のために小プによる「日取り」や軽小での巡回収集を行っていたことが、全くといっていいほど裏目に出ている構図を浮き彫りにする証言であった。また、他のママさんからは、「『いつ、何を出しても持って行ってもらえる』というのが新宿二丁目のごみ収集であるため、家の粗大ごみを持ってきて二丁目に捨てていた」「新宿東清掃センターの職員の方と話して初めて、事業者は廃棄物処理業者と契約してごみを処理することを知った」といった声も聞かれた。有料シールについては、「貼らなくても持って行ってくれるので、貼らなくても良いというのが新宿二丁目の事業者の認識であった」と話してくれた。

さて、田辺氏を中心とするゲイバーママの有志によるごみ問題への取り組みは、2020年5月の新宿二丁目界隈のごみ拾いから始まっていった。初回はごみ問題の解決に賛同するゲイバーのママが6人程集まり、夕方から30分程度ごみ拾い活動を行った。2回目以降は、立ち上げていたLINEグループで参加を募ったところ20人程度が参加するようになり、徐々にごみ拾い活動に参加するゲイバーのママが増えていった。5月から始まるこのごみ拾い活動は、その後も毎週水曜日の夕方に30分程度行われ続け、現在では70店舗に声をかけ約30人程度が参加する取り組みへと成長している。新宿公園に集まったママたちを田辺氏がA・B・C・Dの各地区に振り分け、割り当てられた地区のごみを収集していく形で運営され続けている。

このようなごみ問題への取り組みにより、ゲイバーのママたちは適切なごみ排出を心掛けるようになっていき、分別をしっかりと行い、有料シールを貼付した上で排出するように改められていった。その背景には、新宿二丁目特有のゲイバーママの横のつながりがあり、それを利

拾ったごみを１つにまとめる様子

清掃活動中のゲイバーのママさんたち

用してお店同士で適正なごみ排出方法を教え合っていた経緯があった。これにより、ゲイバーの多くから排出されるごみの多くが劇的に「適正なごみ」へと改善されていき、新宿二丁目のごみ出しに大きな変化が現れるようになった。おそらくは、日本で一番分別に厳しく適正排出を心掛けているゲイタウンになったのではなかろうか。

　さらに、このゲイバーママの有志によるごみ拾い活動は、新宿二丁目の美化を推進するリーダー同士の出会いをもたらした。ゲイバーママの有志によるごみ拾い活動は水曜日の夕方に行われるので月に1度は「二丁目海さくら」の活動日と重なり、田辺氏と二村氏の接点が生まれた。これまで同じ街にいながらも全く面識が無かった両人であるが、ごみ拾いを契機として話をするようになり、新宿二丁目の美化へのビジョンを語り合うことで相互理解が深まり、良き協力関係が構築されるようになった。これは、二村氏にとっては非常に有難いことであった。ゲイバーのママたちを束ね美化活動を推進する田辺氏とのパイプが構築できたことで、排出者側とのコミュニケーションが取れるようになった。また、今後の美化活動を田辺氏と相談しながら進められ、より実効性のある手段を講じることが可能となった。

なお、この田辺氏と二村氏の結びつきにより、新宿二丁目の美化を舞台とするアリーナには、町会、行政、ゲイバーママの有志グループが集って協働していく形が構築されるようになった。

白井エコセンターによる収集サービスの提案

新宿二丁目の集積所が分散され、有料シール貼付への徹底がなされていったが、日曜日の収集をどうするかが懸案として残っていた。2017年に二村氏が廃棄物処理業者数社に日曜日の収集をお願いしたところ、採算が合わず断られたり、到底支払いができないような金額を提示されたりして断念していた。[47] しかし、再度、業者を見つけてみようと思い、ごみ収集民間許可業者の中から新宿区に近い場所にある業者を中心に電話をかけ、日曜日の収集が可能かどうかを尋ねていった。業者からは断られ続けたが、「白井エコセンター[48]」からは良い返事をもらえ具体的な提案を頂けるようになった。

その白井エコセンターからの提案では、月～日曜日(毎日)午前8時に収集を行う、専用の45ℓと70ℓの袋で排出する、引取価格は可燃ごみ、不燃ごみともに区の有料シールと同額の342円(45ℓ)と532円(70ℓ)、であった。また、収集にあたっては事業系のごみとなるため新宿区の収集基準とは異なり、とりわけ新宿区では可燃ごみとされるゴム製品や汚れたプラ製品と、資源として扱うプラスチック類、空き缶、空き瓶、ペットボトルは、不燃ごみ扱いで収集されるようになる点が相違していた。

分別方法が相違するとはいえ、白井エコセンターからの提案は新宿二丁目の事業者にとってはかなりのメリットがあった。第一は、可燃ごみ、不燃ごみ、段ボールについて日曜日の収集がなされる点である。新宿区では「日取り」を行っているが、日曜日には行われないため、お

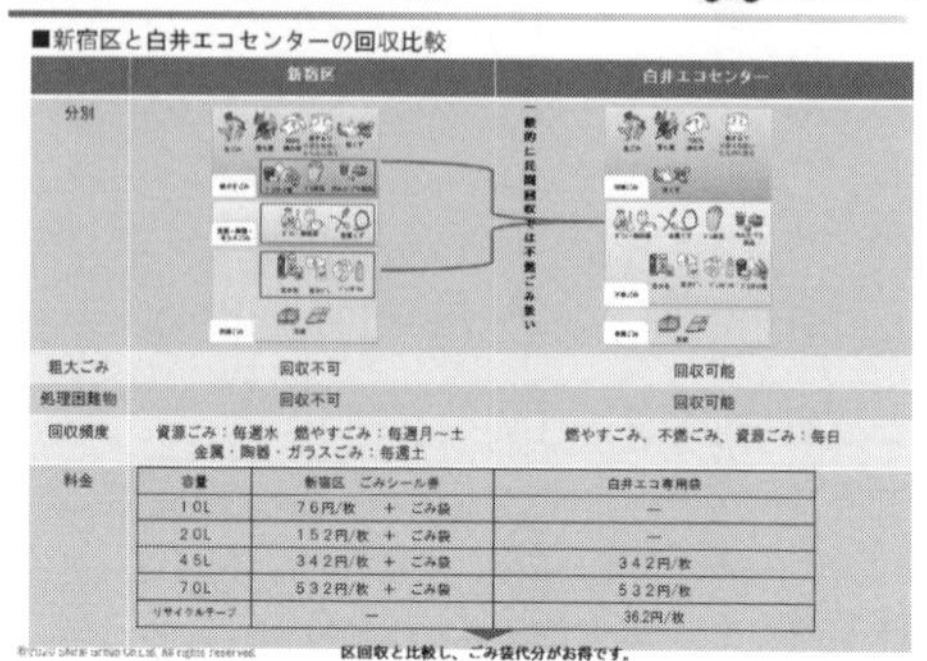

出典：白井エコセンターからの提供資料

客が入る土曜日明けのごみを収集してもらえるのは、街の美化にかなり貢献することが見込まれた。第二は、金額面では不燃ごみがかなり安く設定されており排出者の追加的な金銭的負担が無い点である。この点は事業者が収集を新宿区から白井エコセンターに切り替える大きなインセンティブになる。第三は、新宿区の資源収集では、びん、缶、ペットボトル、段ボールの収集が週に1回のみであるが、それが毎日となり、しかもそれぞれに袋分けしなくても済むようになった点である。排出者にとっては手間が大幅に省け、排出がし易くなる。第四は、粗大ごみや家電製品も別途料金を支払えば回収してもらえる点である。これにより、出し方が分からず道端に投げ捨てられるごみは無くなり、他地区からの持ち込まれる不法投棄も減少することが見込まれた。このように、白井エコセンターの収集サービスは、新宿二丁目のごみ問題解決にうってつけのソリューションであり、当該サービスに切り替えれば街のごみ問題は解決すると見込まれるほど、可能性を秘めた提案であった。

説明会の様子。左が二村氏、右が担当の小貫氏、奥が木村部長

この提案を受けた二村氏は、自社ビルや管理を任されているビルのごみの処理を白井エコセンターに2020年10月1日から切り替えるように決め、9月4日、テナントの事業者

向けの説明会を開催した。当該説明会はテナントのゲイバーを間借りして行われ、当日は白井エコセンターから営業企画部長の木村英恵（はなえ）氏、小貫桃花（おぬきももか）氏、山﨑美里（やまざきみり）氏が駆けつけ、収集パッケージの概要と具体的な申込方法について説明を行った。当日は24名が参加し、10月1日から50店舗が白井エコセンターの収集サービスに切り替える予定で準備が進められていった。また、この説明会により、白井エコセンターが新宿二丁目のごみ問題解決に向けた協働のアクターに加わり、今後の展開において大きな役割を担っていくようになった。

有料シール貼付厳格化へ向けての最後の活動

その後、10月1日の有料シール貼付の厳格化に向けての準備が進められていった。

新宿東清掃センターは周知徹底を行い、9月28日から30日までの3日間は夜間の店舗訪問も行った。田村氏と「ふれあい指導班」のチームはA・B・C・Dの各地区に分かれ、全ての店舗にビラを手渡しし、お店の従業員にアナウンスをして回った。当時は新型コロナウイルスの第二波が落ち着きだしてはいたが、夜の街で店舗を訪問するためフェイスシールドを着用しての訪問となった。筆者も同行させてもらい、二村氏も途中から加わり周知活動を行っていた。なお、二村氏は9月8日に新宿二丁目町会の清掃委員長に就任しており、当該周知は町会も交えた周知活動が行われた形となった。

訪問しても休業している店が多かったが、店内にいる従業員に説明すれば、しっかりと耳を傾け説明を聞いている店舗が多かった。しかし一部の飲食店では、訪問するやいなや、中国人従業員が中から出てきて、筆者を不審者と思い扉を閉めてしまう店舗もあった。新宿二丁目には日本語が通じない人も店を出しており、ごみ出しルールがなかなか徹底されない要因がそこ

周知活動の様子。左から二村氏、田村氏、筆者
出典：二村氏からの提供写真

9月30日に不法投棄物を収集する軽小
出典：二村氏からの提供写真

にもあると実感した。

また、新宿東清掃センターは、9月30日、翌日から の有料シール貼付厳格化に向けて夕刻に軽小を新宿二丁目に投入し、街中の不法投棄ごみを一掃して回った。まさに、明日からの「新しい新宿二丁目」に向けて舞台を綺麗にするという気持ちの表れであった。

さらに、9月30日は水曜日であったため、ゲイバーママ有志によるごみ拾い活動も行われた。二村氏は新宿区がごみを収集した後の細かいごみを拾っていたが、ゲイバーママ有志によるごみ拾いを目にしたので、一緒になって吸い殻やポイ捨てのごみを拾った。このような活動もなされ、新宿二丁目界隈のごみはほぼなくなり、翌日からの「新しい新宿二丁目」を迎えていった。

ゲイバーママ有志の方々。写真中央右が二村氏
出典：二村氏からの提供写真

新たなごみ対策のはじまり

2020年10月1日、有料シールの貼付厳格化と、白井エコセンターによる収集が始まり、新宿二丁目のごみ収集の新たな一頁が刻まれ始めた。当日は、早朝から二村氏、新宿東清掃センター、白井エコセンターが現地に集まり、状況の把握に努めた。

有料シールの貼付率は事前のアナウンスにもかかわらず5割程度であった。9月時点の貼付率が1割程度であったのでかなり改善はされていたが、アナウンスにかけた時間やコストを考えると、もう少し貼付率が上がっていても良いと思われた。新宿東清掃センターはA・B・C・Dの各地区にそれぞれ分かれ、集積所のごみへの有料シールの貼付率をチェックし、未貼付のごみには注意ビラに日付を記入し貼付して回った。

有料シールの貼付率を調査している様子

新宿東清掃センターが作業をし終えると、注意ビラが貼付されたごみは至る所に見受けられた。問題はいつまでこれらのごみを残置しておくかであった。田村氏は苦情が新宿東清掃センターに寄せられてくるまでしばらく残置する方針をとった。その苦情とともに苦情提供者から今後の清掃指導に役立つ情報（どの店が排出しているかの情報）が得られる可能性も高いと判断したためであった。また、有料シールは貼付

有料シール未貼付ごみに貼られた注意ビラ

していたが、ごみ袋に見合った有料シールを貼付していない不正も見受けられた。この点については、事業者がシールを買いだめしたため一時的に売り切れの状態になっていたことに鑑み、しばらくは様子を見て後日厳格に対処していくことにした。

一方、白井エコセンターの収集については、新宿二丁目の通りにポツポツと専用の袋が並ぶようになり、その収集が作業員により始められていった。約60個のごみが9月4日の説明会に参加していた飲食店の事業者等から排出されていたが、全体からするとかなり少なく、配車された清掃車ではもったいないぐらいの量であった。他の廃棄物処理業者が「採算が合わない」と説明する理由がよく分かる状態であった。このままでは採算が取れず、せっかくの新宿二丁目の排出スタイルに合ったソリューションが提供されなくなる可能性もあるため、さらなる白井エコセンターへの切り替えが必要と思われた。また、作業員にとってはビル前の集積所に排出されたごみの中から専用のごみ袋を探す必要があり、労力がかかっていた。今後の作業効率を考えると、一目で分かるような色のごみ袋に変更していく方が作業員への負担が軽減されるように思われた。

なお、準備の関係上、当初は45ℓと70ℓのごみ袋しか用意できなかったが、新宿二丁目の飲食店にとっては大き過ぎるようであり、30ℓ以下のごみ袋の設定が期待された。

これまで10月1日を目標に新宿二丁目町会清掃委員長の二村氏、新宿東清掃センター、ゲイバーママ有志、白井エコセンターが準備を進めてきたが、当日の現場を見た者が持った共通の

白井エコセンターの収集の様子。専用の袋を収集している

現場で今後の打ち合わせをする様子

認識は、「今日からが本当の闘いだ」である。この認識の下、4者がしっかりとスクラムを組みこれからの難局に対応していく日々が重ねられていった。当日、田村氏は筆者に「二村さんに恥をかかせないようにしっかりやる」と述べた。新宿二丁目の美化に本気になって取り組む町会（二村氏）を行政側が持ちうるリソースを駆使してしっかりとサポートしていく状況は、あるべき協働の形であると感動を覚えた。

不適正排出との闘い

新たな段階となった新宿二丁目であったが、翌10月2日には早くも腹立たしい事件が起きた。数日前に廃止した集積所に、まるで嫌がらせか挑発かのようにごみが柵の中にねじ入れられて投棄された事態が発生した。これまで新宿二丁目の美化に携わってきた者全員がこの不法投棄に強い憤りを覚え、不適正排出者との闘いが長期化するのを覚悟した。警告のビラを貼付し、現状のまましばらく放置する対応が取られた。

その後、新宿東清掃センターは、早朝の巡回を強化し、排出調査を継続していった。「日取り」の小プが到着する前に各集積所に足を運び、排出ごみの個数、有料シールが貼付されたごみの個数、不適正排出数を調査し、不適正ごみには注意ビラを貼付していった。また、不適正ごみは袋を開封して排出者を特定できる手がかりを得ようとし、得られた場合は排出者の元に清掃指導に出向いていった。コロナ禍におけるごみ袋の開封は、感染リスクを高める危険な行為であるが、それにもかかわらず果敢に調査し排出者の情報収集に挑んだ。

不適正ごみと闘うのは清掃職員だけではなかった。二村氏自身も10月1日から毎朝会社の部

廃止された集積所にごみが不法投棄された様子

粗大ごみ扱いのオフィス用品もあった

下の中根聡志氏と共に約30分間、新宿二丁目を隈なく回りごみの排出状況調査を続けていった。主に白井エコセンターに収集を切り替えた個所について、ルールに基づいてしっかりと排出が行われたかを確認している。そこで不適正なごみがあれば、町会からの注意ビラをごみに貼付し、注意を喚起している。

不適正ごみを調査する「ふれあい指導班」

有料ごみ貼付率が低い新千鳥街前の集積所

このように闘いが日々続いていったが、不適正であるため残置されたごみが多くなっていき、悪臭がして街が不衛生になってきたため、それらへの対応を考えていかざるを得なくなった。検討の結果、10月31日に街中に放置された不適正ごみを一掃するようにした。しかし、新宿区が無償で収集してしまうと今後も繰り返される可能性が高いので、全て町会の費用負担により

部下の中根氏と共に調査をする二村氏

町会からの警告ビラが貼られたごみ

町会の負担により有料シールを購入
出典：二村氏からの提供写真

放置ごみを収集する様子
出典：二村氏からの提供写真

有料シールを購入し、新宿区に収集してもらう形とした。不適正排出者のために町会が費用負担するのは筋が通らないが、新宿二丁目町会は断腸の思いで費用負担を決めた。そして10月31日、警告ビラが貼られて残置されていたごみが新宿二丁目から一掃された。

このような不正排出者との闘いが続く中、二村氏の元にはビルオーナーやテナントからごみに関する相談が届くようになり、白井エコセンターの収集へと切り替える動きが加速化していった。当初は約50件で始めたが、その後ごみ拾いをするゲイバーのママさん有志からの申し込みが約50件（10月半ばから収集スタート）、その他のオーナーやテナントからの申し込みが約50件（11月から収集スタート）となり、徐々に増加していく流れが出始めた。また、有料シールの貼付率についても上昇していき、10月末には7割程度が貼付されるまでになっていった。

新宿区議会議員への支援の依頼と対応

以前と比較して新宿二丁目の状況は改善してきているとはいえ、ごみ袋への有料シールの貼付率を人海戦術で向上させていくには限界がある。また、不法投棄も完全には無くならず相変わらず続いていた。それに対し新宿東清掃センターが有料シール貼付の徹底や不法投棄の取り締まりに尽力しているが、それとは別に制度的な縛りをかけ状況を改善させていくために、区議会議員の力を借りるようにした。

新宿二丁目のごみ問題の原因は飲食店等のテナントから排出されるごみであるため、賃貸者が賃借者にごみ排出を徹底していない点が一因となっている。そこで、賃貸借契約時には、賃貸者が賃借者に対し適正なごみ廃棄を徹底する義務づけや、賃貸借契約書には「賃借者がごみ排出を適正に行う」という文言を入れて契約することを制度的に実現できるか区議会議員に打診した。そして、10月26日の早朝に、新宿区区議会議員の志田雄一郎氏、三雲崇正（たかまさ）氏、田中ゆきえ氏が現地を視察し、新宿二丁目の現状を把握した。

その後会派として所管課長となるごみ減量リサイクル課長と新宿清掃事務所長と面談し、会

排出状況を視察する様子

作業風景を視察する様子

派側から、「ビルオーナーや不動産業界と協力し、賃貸借契約に廃棄物処理業者の収集を義務づける条項を設けたり、管理費に上乗せしたりし、業者収集の費用を徴収するといった取り組みもあり得るのではないか」と提案した。これに対し、「区としては、すぐに制度的な縛りを作らず、今後も地域の方々全体の意見等を待って対応を検討する」と返答された。

また、これを受けた会派は、新宿区議会の11月定例会の一般質問で、「ごみの適正な排出に向けた協力体制を構築するため、ビルのオーナーや不動産業界と協力して取り組みを進めることが重要と考えるが、いかがか」と志田氏が質問した。これに対して環境清掃部長からは、「今後、集積所の近隣のビルのオーナーや管理者に対して、テナント等へのごみの適正排出を促すため、事業系ごみの適正な排出方法を周知していく。あわせて、地域の不動産業者に対して、契約に際してテナント等へのごみの適正排出に向けた周知への協力を依頼するなどの連携を図る」と答弁がなされた。

現段階ではその後の動きは確認できていないが、今後は行政側での制度的な対応が期待される。

アコード新宿ビル前集積所の廃止

先述のとおり新宿二丁目のごみ問題解決にあたり、ごみ排出への責任を持たせるために、ごみ集積所を廃止して各ビル専用の集積所を設けていったが、最後に残っていたのがすでに紹介した御苑大通りのアコード新宿ビル前集積所であった。新宿二丁目のごみ集積所の中で一番大きく、不法投棄が後を絶たず、早期の改善が求められていた集積所であった。というのは、アコード新宿ビル前集積所は絶えずごみの山ができていたため、ごみがごみを呼ぶごとく、御苑大通りを隔てた新宿三丁目側から持ち込まれるごみ[49]や、車で持ち込まれて不法投棄されるごみもあり、集積所の早期の廃止が期待されたからである。

10月中旬、新宿二丁目町会清掃委員長の二村氏のもとにアコード新宿ビルの管理会社から民間収集への切り替えの打診があり、また、隣接するビルでも民間収集を検討し始めるようになり、アコード新宿ビル前のごみ集積所を廃止する方向に進める目途が立つようになった。一方、白井エコセンターの収集への切り替えはその後も進んでいき、12月からは約70件が追加され、年内には契約が約300件にまで達する見込みとなった。これにより、新宿二丁目のゲイバー等の半数以上が民間収集を選択するようになっていた。

アコード新宿ビル前のごみ集積所の廃止は、12月12日のごみ収集終了後とし、その2週間前の11月29日に垂れ幕とポスターが掲示され、周知が始められていった。実際に周知が始められても有料シール未貼付のごみの排出や不法投棄は続いた。廃止後にどのような状況となるのかは想像がつかず、二丁目の他のビル前の集積所に不法投棄が増えるのではないかと予想していた。

集積所廃止の掲示。相変わらず有料シール未貼付が目立つ

このような状況の中で12月12日の当日を迎えた。通常の「日取り」収集の後、新宿東清掃センターにより集積所の廃止に向けた作業が行われた。ごみ収集後には不適正ごみは中身を出して分別して収集するとともに、集積所を丁寧に掃除して臭いを拭い去り、三角ポールとバリケードを設置して「廃止」の掲示を行った。この集積所廃止は、これまで新宿二丁目でごみ問題に関わってきた者にとっては、信じられないほど驚くべき出来事で、かなりの衝撃を関係者に与えた。また、ごみ問題の解決へ向けた手応えを実感できる出来事でもあった。

また、集積所廃止当日の夜22時より、夜間のごみパトロールが行われた。二村氏をはじめとする新宿二丁目町会の

集積所の廃止への作業の様子
出典：二村氏からの提供写真

廃止された集積所

青年部4名、ゲイバーママの有志2名、新宿東清掃センターからの4名（田村氏を含む）、新宿区議会議員大門さちえ氏や筆者も加わり、新宿二丁目界隈のごみ排出のパトロールを行い、廃止したアコード新宿ビル前集積所への見張りも行った。アコード新宿ビル前集積所には、向かい側の新宿三丁目からの不法投棄が22時以降になされる傾向があったので、御苑大通りの向かいの新宿三丁目側の動きに注視していた。

12月の寒空の中での見張りであったが、約1時間程度経過すると新宿三丁目側からごみ袋を持った男が近づいてき、廃止した集積所に平然とごみを投棄していく事態が起こった。その場にいたメンバーはごみの不法投棄の現実を見て驚き唖然（あぜん）とした。すかさず田村氏が駆け寄り排出者に説明すると、そそくさとタクシーを止め、汁が滲（にじ）んでいたごみを持って乗り込み、謝罪もなくその場を去っていった。対応した田村氏からは、「ごみにシールは貼っていたが、45ℓの袋に20ℓのシールしか貼付していなかった。家庭ごみとして捨てるのではなく我々が見えなくなったところで、路上のどこかに捨てて帰るのではないか」と説明された。このような不法投棄者をなくしていくには、かなり強い規制をかけなければ難しいと思われた。また、不法投棄を見張り、排出者に注意を与えるような場面ではトラブルが生じやすいため、警察の立ち会いが必要であると痛感した。

寒空の中、見張りを続ける様子
出典：二村氏からの提供写真

なお、集積所廃止の翌日13日の早朝に現場に確認に向かったところ、不法投棄されたごみが1つあった。昨晩深夜まで見張っていたが、その解散後の6時間内に投棄されたごみであった。また、14日もバリケードにごみを挟み込むように投棄されていた。これらのごみはすぐに新宿東清掃センターが撤去し、その後は正月明けも含め旧アコード新宿ビル前集積所には不法投棄されない状況が保たれている。

12日深夜〜13日早朝にかけて不法投棄されたごみ

14日に発見されたバリケードの間に不法投棄されたごみ
出典：二村氏からの提供写真

ゲイバーママ有志の募金による年末のごみの一掃

ゲイバーママ有志によるシール貼りの様子
出典：二村氏からの提供写真

年末を迎えるにあたり、新宿二丁目の通りに残る有料シール未貼付ごみや不適正排出ごみをどうするかが問題となった。10月31日には通りに放置された不適正ごみを例外的に町会の費用負担で一掃したが、再度町会では負担できず、このままではごみが放置されたまま年を越さざるを得ない状態となっていた。

そこで立ち上がったのが、ゲイバーママ有志であった。そしてゲイバーママ有志の店では募金活動がなされ、その資金で有料シールを購入し、新宿東清掃センターに収集を依頼するようになった。そして、12月28日、田辺氏をはじめとするゲイバーママ有志が、路上に放置されたごみに有料シー

年末のごみ拾いに参加したゲイバーママ有志の皆さん

ルを貼付し、収集への準備を進めていった。翌29日は不適正排出者への見せしめのため1日放置し、ゲイバーママ有志の費用負担により有料シールが貼られている状況をアピールした。

このような準備を行い、清掃業務の年末最終日となる12月30日、新宿東清掃センターの「ふれあい指導班」が収集を行い、新宿二丁目から放置ごみが一掃された。また、当日は水曜日であったので、夕刻からは年末最後のごみ拾い活動を行い、町会の清掃委員長の二村氏も参加して路上にあるポイ捨てごみを一掃し、正月を迎える状態を整えた。

ゲイバーママの有志が募金集めによる有料シール購入を行った背景には、彼らの「二丁目への職場愛」があった。それは田辺氏の次の談話から浮き彫りとなる。「これだけ多くのゲイバーが固まって存在する街は新宿二丁目以外には存在せず、ゲイバー同士の横のつながりで仲良く商売ができ、非常に商売しやすい環境で仕事をさせてもらっている。ここ数年は、新宿二丁目だからお客さんが来るので二丁目で良かったと思うようになった。以前は自分だけが儲かれば良いと思っていたが、最近は、新宿二丁目全体が活性化され、皆がいい思いをして皆で儲かれば良いという考えになった」。このように、ゲイバーのママたちが職場としての新宿二丁目という地域に感謝しながら商売を営むがゆえ、「働いている街だから綺麗にしたい」との思いを強く抱くようになり、街の美化に積極的に関わるようになっている。

このように町会組織以外にも街のあり方に関心を持つ主体が存在するのが新宿二丁目の強みである。ゲイバーママ有志は自治の基盤を構成し、街のあり方に影響を及ぼす重要なアクターになっている。なお、２０２１年１月より、ゲイバーママ有志の集まりが核となり、「新二丁目振興会」を結成した。旧振興会のメンバーを引き入れながら、みんなで清潔な街を維持しようと清掃活動を続けている。

白井エコセンターの企業努力と地域貢献

白井エコセンターの収集サービスは、新宿二丁目の飲食店の営業実態に合ったサービスであり、着々と切り替えが進んでいった。２０２０年末までには約３００件、その後は1月に20件、2月に12件、３月に28件増え、4月時点では約３５０件の飲食店が白井エコセンターの収集サービスに切り替わった。それに伴い、収集時に作業員がごみの中から専用の袋のごみを探し出す負担が増加した。一方、排出者側からは、これまでの45ℓと70ℓのごみ袋では大き過ぎ、小さい袋での排出を希望する声が上がっていた。

そこで白井エコセンターは、2021年1月より、新規に30ℓの袋を導入するとともに新宿二丁目のオリジナルごみ袋を作成した。これにより排出者へのサービスが向上し、作業員の負担も緩和されるようになった。ごみ袋サイズの縮小化はその分の収益の減少となるため、白井エコセンターにとっては難しい経営判断であったと思われる。このような顧客目線に立った企業努力があるがゆえ、新宿二丁目の美化が保たれていると強調しておきたい。

カラフルになった白井エコセンターのオリジナルごみ袋
出典：二村氏からの提供写真

また、白井エコセンターは、排出者がオリジナルごみ袋を購入しやすいように、電子決済（クレジットカード・コンビニ払い）を導入し新宿二丁目内にごみ袋販売店を設置した。[50] このような細やかな対応も含めた白井エコセンターの尽力により、新宿二丁目の美化が推進され、二村氏や田辺氏をはじめとするごみ排出者にとって必要不可欠な業者として強い信頼を得るようになった。

通常は企業が新規案件を取る際には、当初は廉価にてサービスを提供し、その後徐々に提供価格を上げていく戦略がとられるが、白井エコセンターはそのように考えてはおらず、むしろたくさんの事業者からの排出があれば収集効率が上がり、金額を下げられる可能性があるという見解を示している。民間企業であるので利益の追求は当然であるが、過度な利益を追い求めず、行政では実現が難しい清掃サービスを自社のリソースを駆使して提供し、地域の美化に貢献していく姿勢を示している。このような民間ならではの強みを発揮し、地域に貢献する企業が社会に広く認知され、より評価されるようになることを望む。そしてそれにより、新宿二丁目の美化が持続可能となっていく。

関係主体間での懇談の場の設置

新宿二丁目の住民参加と協働による美化活動において特筆すべきは、新宿区の主催により、関係主体間の懇談や意見交換の場が設置されている点である。このような場は従来は設置されてはおらず、田村氏が業務を指揮する中で必要に応じて開催されるようになった。筆者は2020年12月10日に開催された意見交換の場に同席することができ実態を把握した。まさに今回の新宿二丁目の美化の真骨頂とも言える場となっていた。

当日は、新宿二丁目町会の副会長と清掃委員長（二村氏）、新宿二丁目振興会から田辺氏と会場となったゲイバーの経営者、排出状況が芳しくない集積所を擁する2つのビルの管理者、白井エコセンター（白井徹社長、木村部長、小貫氏、山﨑氏）、新宿区（新宿清掃事務所長、ごみ減量リサイクル課長、新宿東清掃センター（田村統括技能長、市野瀬技能長、担当者）が集い、これまでの取り組みについての報告や今後の進め方についての議論や意見交換が行われた。

ビルの管理者からは、「自らの集積所には不法投棄されているごみが多いため、住民の監視の目を光らせてほしい。住民全体のごみ問題への関心の高まりが必要である」との意見が述べられた。また、町会側からは「現在の区の事業ごみの収集制度が実態に合ってないため改善の必要がある。事業者がごみ排出に責任を持つように中野区が導入している『事業系廃棄物収集届出制度』[51]の新宿区での導入の検討を求める」等が述べられた。一方、新宿二丁目振興会の田辺氏からは、「飲食店の中でも、真剣にごみに向かい合っている店とそうでない店の二極化が進んでおり、何もしなくても許されるのであれば、今後は不公平感が出てくると思われる。現在の振興会での取り組みを支援する仕組みを考えてほしい」との意見が述べられた。白井エコセンターの白井徹社長からは、「今後ルールに基づいた排出が行われていくと、23区で一番リサイクル率が進んだ街になる可能性がある。夢のある仕事に携われて光栄である」と述べられた。これらに対して清掃事務所長からは、「他の繁華街とのバランスを考え行政としてできることを皆さんと考えて対応していきたい」と述べられた。

これまでは新宿二丁目の美化に尽力する関係者が一堂に会して意見を述べ合う場は用意されてこなかった。このような場が設置されることで、関係者の顔が見え、本音で意見を述べ合い、自らの考えや立場を相手に説明できるようになる。当然ながら述べられた意見には反論もあろうが、可能な部分から折り合いをつけ、相互理解を深め、協力できる点があれば互いに協力し合うことで、今後の発展も含めた「持続可能な美化」が推進されていくようになる。まさに新宿二丁目の美化を住民、事業者、行政、廃棄物処理業者が協働で推進していく上での肝であり、今後もこのような参加主体が集う場が設置され、意見交換や議論により相互理解が深まり、それぞれが持つ力を結集して解決が難しい地域課題が解決されていくことを期待したい。

世界一清潔なＬＧＢＴの街への課題

新宿二丁目の美化活動の始まりを二村氏が新宿区に問い合わせた２０１７年４月とすると、本書の執筆時点で４年が経過したことになる。それまでは「ごみの無法地帯」であり、行政側では収集するしか手がなかった状態から、現在ではある程度まで分別が行われるようになり、排出者のニーズに合った民間の収集サービスへの切り替えが進み、新宿区の収集サービス利用時の有料シールの貼付率も今では約9割までとなった。まだこの状態は途上であるが、これまで全く手が付けられなかった状態に鑑みると、住民参加や協働による美化活動があったがゆえ、見違えるような改善がなされ、街の雰囲気が一変する大きな成果を生み出したと言える。

しかし、現在の流れに乗り街の美化を徹底させていくには、各主体ごとに解決しなければならない課題が存在する。それぞれについて簡単に言及してみたい。

まず行政であるが、二村氏や新二丁目振興会が展開する自治的な清掃活動や不適正排出者への注意活動が行き詰まらぬよう、最大限の支援を続けていく必要がある。2人のリーダーの清掃活動が契機となり、新宿二丁目界隈の朝のごみ出しにおいては、事業者が事業者を注意する様子も見られるようになってきている。まさに街の利用者同士でルールを守りあい清潔な環境を維持発展させていく自治活動の萌芽であり、今後はそれがいっそう発展し大きなムーブメントとなっていくように可能な限りの支援が求められる。そのためには、ごみ排出のルールの徹底への清掃指導、有料シール貼付への徹底をしばらくは継続させ、自治的な清掃活動が展開しやすくなる環境づくりが求められる。現場で活躍する清掃職員の方々にはさらなる負担が継続してかかるだろうが、今しばらく尽力を頂きたいところである。これに加え、今後の事業ごみの収集について早急な検討が必要となる。有料シールは東京都が清掃行政を担っていた1996年に導入されたが、ごみの容量に見合った有料シールを貼付していないケース（例えば45ℓ

の袋に20ℓの有料シールしか貼付しないケース）が散見されている。この状況を改善するためにも、有料シールを貼付する方法に代え、「事業用有料ごみ袋」での排出へ変更することにより、意図的な料金未払いが防止でき、ごみの容量に見合った有料シールの貼付を確認する手間も省けるようになる。清掃行政が区に移管されて20年が経過しているが、その成果を活かすためにも新宿区が「事業用有料ごみ袋」の導入への検討を進める余地は大いにあろう。また、事業者にごみ排出への責任を持たせるためにも、賃貸借契約時の適正なごみ排出の徹底の義務づけや、中野区が実施する「事業系廃棄物収集届出制度」等の導入が期待される。これには担当者の配置や事務的な手数の増加が懸念されるが、昨今のＤＸの流れに乗り、民間技術の利用も視野に入れたシステムの導入が期待されるところである。さらに、関係主体が一堂に会し懇談や議論を重ねる調整の場を今後も設置し、行政との間はもちろん、関係者間でのコミュニケーションが柔軟にとれるよう配慮することが期待される。そしてゆくゆくは、新宿二丁目に関係する主体間での「水平的な調整機能」が育（はぐく）まれるような形へと導き、自治の基盤の強化[52]を進めていくことが期待されよう。

　次に区議会議員については、新宿二丁目で生じている問題を制度的に解決していくにあたって政治力を発揮することが期待される。特に「事業用有料ごみ袋」での排出への切り替え、賃貸借契約時の適正なごみ排出の徹底の義務づけ、「事業系廃棄物収集届出制度」の導入については、行政側のみでは前に進めにくいマターであるため、政治側から導入への道を切り拓いていくことが求められよう。また、二村氏や新二丁目振興会が展開する自治的な清掃活動や不適正排出者への注意活動が継続・発展していくように、行政の支援が適切になされているかを監視していく役割も期待される。

さらに現場で活躍する2人のリーダーについては、現在の活動を継続させ、より多くの主体が関わるムーブメントへと発展させていくことが期待されよう。とりわけ新二丁目振興会の清掃活動は、不適正排出を行う事業者への抑止効果を生み、街の美化を推進する原動力となる。新宿二丁目という懐の深く多様性のある街をいつまでも維持・発展させるためにも、今後の美化活動のメインストリームになることが期待される。そのためにも、今後は町会側との交流を進め、地縁を利用した街の美化を推進していくことが求められよう。新二丁目振興会の清掃活動は新宿二丁目の事業者へのアピール度や社会的なインパクトが大きい点に鑑み、その活動への町会側からの参加者も増やし[53]、道具やごみ袋の提供等のサポートを行う等、事業者側と町会側が意思疎通を図りながら協働する形を構築していくことが期待される[54]。

最後に白井エコセンターについては、独自のDX技術を用いた清掃サービスの提供により、事業者の営業活動に見合ったごみの排出への対応が期待される。適正な利益を確保しながらも、例えば1日に2度収集サービスを提供するといった新たなサービスを適正価格にて提供していくようなサービス開発も求められてこよう。そして、これらを通じてまちづくりに関わる社会的企業（ソーシャル・エンタープライズ[55]）として、廃棄物業界における独自の地位を築き上げることが期待される。

各主体が抱える課題の解決には労力が伴うが、それぞれの課題に真摯に向き合い最善を尽くし一歩でも前に進めていくことで、新宿二丁目は世界一清潔なＬＧＢＴの街となり、不適正排出やごみのポイ捨てが恥ずかしくてできず、「綺麗に街を使う」という雰囲気が涵養（かんよう）されていくようになる。各主体の活動が継続され他の主体との協働が深化していけば、世界一清潔なＬＧＢＴの街になるのも夢物語ではない。

新宿二丁目の美化の成功要因

これまで新宿二丁目の繁華街の美化活動の取り組みについて述べてきた。そこでは、街を思う1人の人物の行動が端緒となり、活動を続けていくうちに多様な主体が参加する場が形成され、それぞれが持つ力を出し合って協力しながら、解決が難しい地域課題を一歩ずつ解決へと進めていく形が見られた。新宿二丁目のような案件は行政のみが努力しても課題解決には至らぬ案件であり、各主体の協力があったがゆえ、解決への道が拓かれていったと言える。最後に今回の事例の成功要因を抽出し、他地域の繁華街の美化への示唆を述べておきたい。

まず何よりも、地域の状況に強い問題意識を持つリーダーの存在が必要不可欠である。このリーダーは地域づくり養成講座等の受講経歴はないいわゆる「普通の住民」であり、緻密な計算の上で行動しておらず、その時々に気づいたこと、必要であると感じたことに対して、当事者意識を持ってできる限りの行動をすぐに起こしただけであった。このような問題意識を持つ積極的な住民（市民）が地域に存在する点が最も重要な要素となる。

第二は、地域で立ち上がったリーダーをしっかりと支えた行政である。そこには、組織対組織という枠組みを使った支援や、行政側のリーダーや担当者の高いモチベーションがあった。たまたま人事異動により行政側のリーダーが代わり従来からの方針を転換しやすかった点があったが、当該リーダーの自らの思いのみで繁華街の美化に取り組む形ではなく、その部下も賛同し、全員が一丸となって本気で繁華街の美化に尽力していた点が大きい。業務の中にはコロナ禍での繁華街での調査もあり、かなりの労力や危険が伴っていたが、果敢に地域の課題と向き合い、地域側の組織を下支えしていたことが、大きな結果を生み出す要因となったと言える。

第三は、繁華街でごみを排出する側から、内発的に美化活動が生まれてきた点である。他の主体から強制された活動ではなく、自らの意思として美化活動が生まれていた。よってそれは、その力強さや継続性が担保された活動となり、繁華街へかなりのインパクトを与える効果が表れていた。とりわけ毎週継続して清掃活動が行われお互いがごみ出しのルールを教えあうことで、街の中に排出ルールが浸透し、不適正排出への抑止効果を高めた。このまま活動が継続されていけば、ごみ排出ルールが徹底されるようになり、まさに自治の基盤が構築されるようになる。そうなれば、行政側の清掃指導業務は不要となり、行政リソースを新たな住民ニーズへ対応したサービス提供に振り替えるようになる効果も期待できる。

第四は、通常の行政サービスでは地域ニーズに対応できない点をフォローした民間企業の存在である。地域ニーズは地域ごとに相違し、それぞれに対応できるほど行政リソースは潤沢ではない。その点を企業努力によりフォローし、地域ニーズに合った形でサービスを提供し、排出者側にとって必要不可欠なサービスとした。また、企業努力により利用者ニーズに対応し、サービス利用者から信頼を得ている点も成功要因であろう。

第五は、繁華街の美化活動に関心を持った地方議会議員の存在である。現場に足を運び惨状を把握したり、ごみ拾い活動に参加して清掃活動の状況を把握したりして、議会で行政側に善処するように伝え、繁華街の美化を地方自治体の課題として位置づけた。これにより、課題解決に向けた行政側の対応が継続されていくようになった。

新宿二丁目の美化活動からは以上のような成功要素が抽出されようが、どこの地域でもこのような要素が存在し、ダイナミックに展開していくとは限らない。新宿二丁目という街が生み出した特殊な形だったのかもしれない。本事例が多少でも参考となり、ごみ問題に苦心する繁華街の美化への参考になればと思う。

筆者はこれまで清掃の現場に身を投じ、主に公共サービスのあり方の観点から清掃行政の実施体制を調査してきたが、新宿二丁目の事例は住民参加と協働という視点から清掃の現場を考察する初めての機会となった。これまで住民参加や協働について研究してきたが、それらの研究が清掃行政の研究と融合するような感触を覚えた。引き続き新宿二丁目がどのように変化していくのか見届けていきたい。

【注】

36 Lesbian（レズビアン・女性同性愛者）、Gay（ゲイ・男性同性愛者）、Bisexual（バイセクシュアル・両性愛者）、Transgender（トランスジェンダー・性自認と身体的な性が一致していない者）を表す総称。

37 民間廃棄物処理業者が少なく処理能力が不十分であった昭和時代に、繁華街の公衆衛生の維持を目的として、東京都内の主だった繁華街（銀座、新宿、上野、浅草、渋谷の駅周辺）において、日曜日から土曜日までの毎日収集を限度として特別収集を実施していた。この特別収集を「日取り」と呼んでいた。しかし、新宿区では、繁華街・準繁華街の事業者が民間処理業者に委託できる環境が整ったため、繁華街地域以外の収集頻度との公平性確保の観点から、２００６年４月より繁華街における日曜日収集を廃止した。現在は、日曜日を除く月曜日から土曜日までの週６日の特別収集を「日取り」と呼んでいる。

38 23区の分別基準はそれぞれの区で相違しており、容器包装リサイクル法に基づいて「プラマーク」が付された製品を資源として扱ったり、一部を資源としてあとは可燃ごみとして扱ったりする区もある。板橋区は可燃ごみとして扱っている。

39 自社ビルを持ち、自らは階上に住みながら階下をテナントに貸す個人経営者。二村氏とは町会で一緒に活動している。

40 詳しくは藤井（2018: 109-113）を参照されたい。

41 ゲイバーの店主（ママ）で構成される団体。後述。

42 新宿二丁目の通りごとに結成された商店組合の一つ。

43 「ふれあい指導班」が直接周知した事業者は500を超えている。

44 詳しくは「海さくら」のHPを参照されたい。

https://umisakura.com/enoshima/

45 トングは「海さくら」からの提供を受けているが、ビニール袋その他の備品等は団体や企業からの協賛、一部は共同代表やその法人が自腹で調達している。

46 当該ポスターの作成費用も二村氏の自腹である。

47 ある業者からは「日曜日収集には月額30万円が必要である」と言われていた。

48 「白井グループ」を構成する会社であり、白井エコセンターは事業系廃棄物の収集運搬業、事業系廃棄物の処分業、リサイクル家電保管流通センター業を営んでいる。なお、23区の家庭系廃棄物の収集運搬は白井運輸が行っており、筆者が滝野川庁舎でごみ収集の参与観察をしていた時には、白井運輸の清掃車（雇上車）に乗務することもあった。

49 設置された防犯カメラを新宿東清掃センターが調査したところ、10月31日から24時間以内に御苑大通りを隔てた新宿三丁目から10件の不法投棄（持込）があったことが確認された。

50 ごみ袋は新宿二丁目の仲通りにある「CHECK」というバラエティグッズショップにて販売され

ている。ごみ袋を販売しても利益が無いにもかかわらず、店主の厚意で店に置かれている。

51 事業系廃棄物の適正排出を推進するために、区の収集を利用する事業者に「事業系廃棄物排出届出書」の提出を義務化する制度。そこには、事業者の氏名、所在地、電話番号、業種、常時使用する従業員の数、事業系廃棄物の排出量等を記載するように定められている。

52 今川（2005: 2-8）、藤井（2020: 218-220）。

53 現在、町会側（二村氏と中根氏）は、時間のある限り毎週水曜日のごみ拾いに参加している。

54 なお、２０２１年４月７日の新二丁目振興会のごみ拾いに、新宿二丁目町会から日頃からのお礼としてペットボトルのお茶が提供された。新二丁目振興会と新宿二丁目町会の結びつきが今後もいっそう進んでいく兆しが見えてきている。

55 ビジネスを通じて、営利を追求しながらも社会的問題の解決を目指す企業。

第8章　事業系廃棄物と産業廃棄物業界のDX

事業系廃棄物のフィールド

第7章で、新宿二丁目のごみ排出事業者が、有料シールを貼付する新宿区の収集サービスの利用から、民間の白井エコセンターの収集へと切り替えていったと述べた。それにより、廃棄物収集運搬業者による事業系廃棄物の収集へと変わり、これまでの新宿区の収集とは相違する分別基準となった。とりわけ新宿区では資源として扱っている缶、びん、ペットボトル、容器包装プラスチックと、可燃ごみ扱いである製品プラスチックが、ともに不燃ごみ扱いとなる点が大きく相違した。筆者がこの変更を先述の2020年9月の白井エコセンターの説明会に参加して聞いていた際、何故そのような形で収集を行うのか、その後廃棄物がどのように処理・処分されていくのかが疑問に思えてならなかった。

というのは、新宿区での資源回収業務の形態は複雑であり、資源は、①古紙、②容器包装プラスチック、③びん、缶、ペットボトル、スプレー缶・カセットボンベ・乾電池、に大きく分類され、そのうち②③についてはそれぞれの種類ごとに中身の見える袋に入れて集積所に排出するようになっており、収集現場には③だけでも4種類の資源の袋となり、合計6種類に分別されて排出される。これらの資源回収は全て業者委託であり、①は古紙回収業者が、②は東京環境保全協会が、③は清掃業務の区移管前から委託していた業者が、それぞれ回収している。特に③の回収では、びん・缶・ペットボトルの3つを同時に回収する業者もあれば、びん・缶のみを回収する業者とペットボトルを専門に回収する業者もあり、それらが地区ごとに異なるため複雑な収集形態となっている。よって集積所には最低でも3つの業者が回収に来るようになり、それらの業者は自らの収集分のみを回収していく形となる。このような資源収集の運営形態を前著の調査時に教えてもらっていたため、何故白井エコセンターの収集では不燃ごみとして1つにまとめて収集するのか、その後どのように処理・処分されるのかが疑問に思えてならなかった。

これまで筆者は清掃行政の研究を、基礎自治体が担う一般廃棄物の家庭ごみ収集業務等を中心に進めてきた。しかし、新宿二丁目の美化活動の調査を通じて、これまで研究してきた一般廃棄物の処理の流れとは異なる事業系廃棄物の収集運搬の実態に直面するようになり、新たな廃棄物の世界を見るようになった。また、これまでなかなか接点が持てなかった事業系廃棄物収集運搬業者の方々ともつながりを持つことができるようになり、事業系廃棄物の収集運搬業務の実態や概要を知る機会を得た。そこでは、慢性的な人材不足への対応や適正な利益の確保

図表8-1　新宿区と白井エコセンターの分別基準の違い

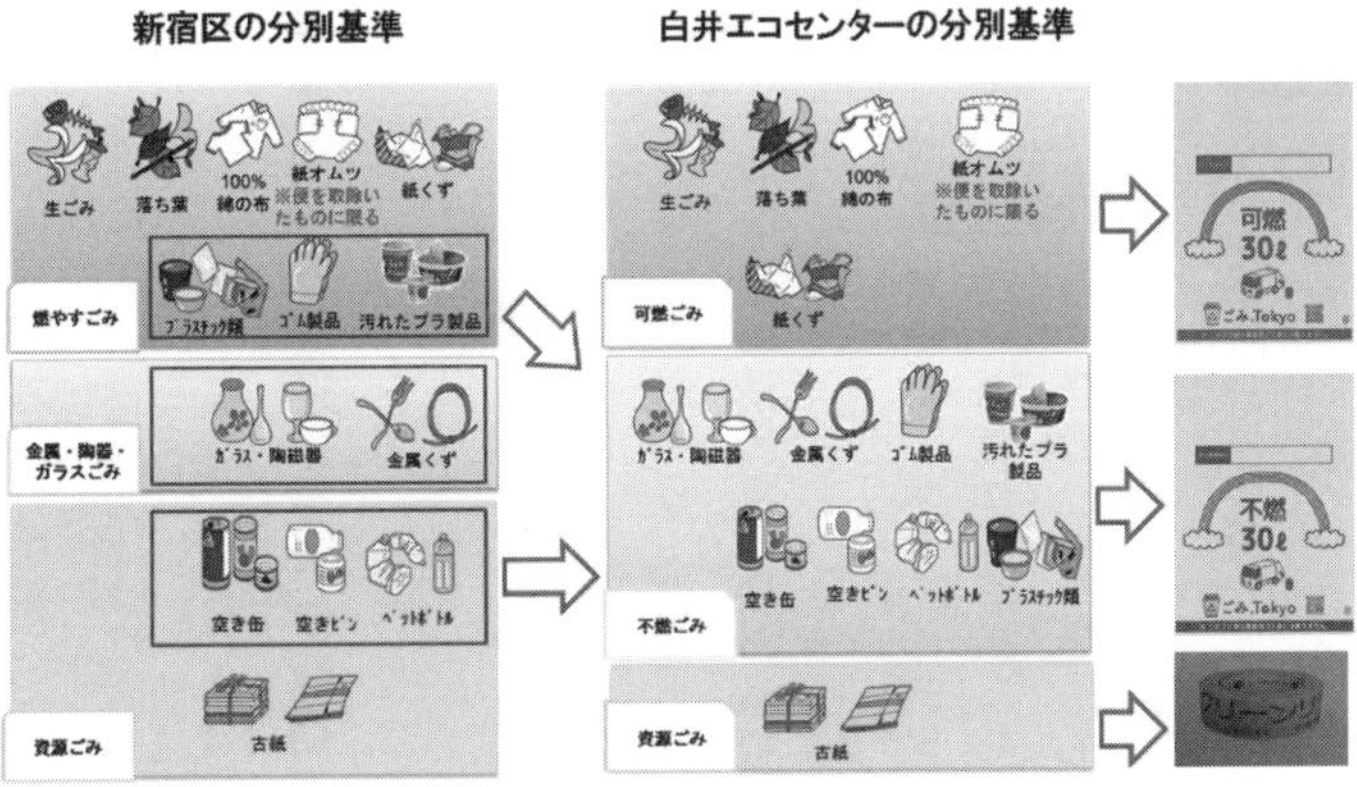

新宿区の分別基準

燃やすごみ：生ごみ　落ち葉　100%綿の布　紙オムツ ※便を取除いたものに限る　紙くず　プラスチック類　ゴム製品　汚れたプラ製品

金属・陶器・ガラスごみ：ガラス・陶磁器　金属くず

資源ごみ：空き缶　空きビン　ペットボトル　古紙

白井エコセンターの分別基準

可燃ごみ：生ごみ　落ち葉　100%綿の布　紙オムツ ※便を取除いたものに限る　紙くず

不燃ごみ：ガラス・陶磁器　金属くず　ゴム製品　汚れたプラ製品　空き缶　空きビン　ペットボトル　プラスチック類

資源ごみ：古紙

出典：白井エコセンターからの提供資料を筆者が編集

のためにＤＸ[56]が推進されており、その技術やデータを利用すれば、「リサイクルが進んだ繁華街づくり」への有用な手段となる可能性も秘めた業務システムを運用していた。

今日、家庭から排出されるごみのみならず、事業者の活動によって生じる事業系廃棄物も大量に発生しており、清掃事業の理解にはそれらの廃棄物も含めて大局的な視点から把握していく必要がある。基礎自治体が担う家庭ごみの処理・処分への理解とともに、事業系廃棄物がどのように処理されていくのか、そこにはどのような手続きが必要なのか、といった点も合わせて清掃事業を見ていかなければ、清掃事業は体系的には理解できない。

そこで第8章では、第7章で扱った新宿二丁目の民間の事業系廃棄物収集運搬業者への切り替えを事例とし、事業系廃棄物の処理の流れ、産業廃棄物の処理を委託する際の手続き、事業系廃棄物収集運搬業者のＤＸの現状に触れながら、事業系廃棄物のフィールドを概観していきたい。

事業系廃棄物収集運搬業者が新宿二丁目で収集したごみの行方

２０２０年10月1日、筆者は新宿二丁目で白井エコセンターのごみ収集車や収集作業の様子を初めて見た。そこでは、可燃ごみ用と不燃ごみ用の2台の収集車が配車され、作業員が通りに排出されたごみの中から、白井エコセンターの袋に入れられた可燃ごみと不燃ごみの袋を探し出し、それぞれの清掃車に積み込む作業が進められていた。これらのごみの流れは次のとおりとなっていた。

可燃ごみの収集車は、東京二十三区清掃一部事務組合（以下、清掃一組）の清掃工場に向かい、事業系の一般廃棄物としてごみを搬入し、それらは家庭ごみの処理の流れに乗せられて焼却処理されていた。清掃一組の清掃工場に搬入するには、あらかじめ事業系廃棄物の収集運搬業者が、廃棄物の収集運搬の委託を受けた契約書の写しとともに、作業場（どこからごみが出たのか）を清掃協議会に申請しておく必要がある。それにより、作業場の予定数量と排出量に見合った清掃工場への搬入枠を毎週清掃一組から与えてもらえ、廃棄物の搬入が可能となる。

新宿二丁目に近い清掃工場は渋谷工場か豊島工場であるが、いずれもキャパシティーが小さいため、ほとんどは少し離れた臨海部の新江東工場、有明工場、港工場に割り当てられるケースが多い。搬入後は区収集の家庭ごみと同じ流れとなり（図表4-1）、焼却処理されて最終処分がなされていく。なお、当該搬入には廃棄物処理手数料がかかり、1キログラムにつき15円50銭が請求される。

品川運輸京浜島リサイクルセンター

一方、不燃ごみを収集した収集車は、排出事業者が契約を結ぶ産業廃棄物処理業者である「品川運輸[57]」の「京浜島リサイクルセンター《リバース2002》」に向かい、そこで廃棄物の中間処理が行われていた。収集物をびん、缶、ペットボトル、プラスチック等の品目ごとに分類・選別し、破砕して、①マテリアルリサイクル（原料として再生利用）、②サーマルリサイクル（焼却の際に発生する熱エネルギーを回収し利用）、③埋立処分、への仕分けが行われる。

白井エコセンターは産業廃棄物処理施設を持たないビジネス戦略を取るため、収集した廃棄物を処理施設を持つ業者へ搬入し、リサイクルの流れに乗せる形で収集業務を展開している。よって白井エコセンターとしては、品川運輸のような産業廃棄物処理施設を持つ業社を把握しておき、収集する産業廃棄物に見合った中間処理業者へ搬入することで収集サービスを提供するようになる。産業廃棄物処理業者の中には、例えば金属関係に強い業者やびん・缶・ペットボトルに特化した業者もあるため、廃棄物収集運搬業者の担当者はそれぞれの産業廃棄物処理施設の強みを把握しておき、廃棄物に合った業者につないで廃棄物のリサイクルの流れを創造する業務を担っている。

産業廃棄物の中間処理

新宿二丁目の事業者により排出され、品川運輸の「京浜島リサイクルセンター《リバース2002》」に運び込まれた廃棄物が、どのように処理されていくのかを概観してみたい。

収集車が到着すると、そのまま台貫に乗って重量を計量して処理費用を算出する。その後作業エリアに積み荷を降ろし、その場で粗選別を行う。ペットボトル、缶、段ボール、びん等の資源を除けていくが、ビニール袋に入っている廃棄物の場合は、破袋機にかけて中身を取り出し、さらに資源ごとに選別を行う。そして、それぞれの処理工程を経てリサイクル会社へ出荷して最終処分するか、もしくは最終処分場に持っていき埋立処分する。それぞれの廃棄物の処理方法と行方は次の表のとおりとなっていた（図表8－2）。

図表8-2　産業廃棄物の処理と行方

品目	処理と行方
廃プラ類	破砕機で5㎝程度に破砕し、J&T環境グループ社に持ち運び、RPF[58]にして製鉄燃料にする。（→マテリアルリサイクル）
混合廃棄物	廃プラ類で処理できない混合廃棄物は、破砕機で5㎝程度に破砕し、J&T環境グループ社に持ち運び、焼却して熱エネルギーを回収する。（→サーマルリサイクル）
飲料缶	手選別及び磁選機にて選別し、さらに自動選別機でアルミ缶とスチール缶に選別し、圧縮梱包してから東港金属社及び新菱アルミテクノ社に持ち運ぶ。（→マテリアルリサイクル）
金属くず	破砕機に入れるとカッターが損傷するので、粗選別で選別し、東港金属社に持ち運ぶ。（→主にマテリアルリサイクル）
ペットボトル	手選別後、さらに自動選別機で圧縮梱包し、J&T環境グループ社に持ち込み、新たな食品用PETボトルに再利用する（ボトルtoボトル）。（→マテリアルリサイクル）
びん	色分けし、びん専門のリサイクル業者に持ち運び、再利用される。割れたびんは中央防波堤に埋め立てて最終処分される。
ガラス・陶磁器	破砕機で破砕し、中央防波堤に埋め立てて最終処分される。

出典：品川運輸京浜島リサイクルセンター中林信隆氏へのヒアリングによる

品川運輸京浜島リサイクルセンターの作業場の様子

なお、「京浜島リサイクルセンター」に搬入される産業廃棄物は、上記の工程により98％がリサイクルされている。残りの2％は割れたびんやガラス・陶磁器であり、搬入されるほとんどの産業廃棄物がリサイクルされている。

このように「京浜島リサイクルセンター」にて産業廃棄物の処理を行っているが、持ち込まれると困る廃棄物がある。それは、携帯電話、家庭の電話の子機、カラオケのマイク、パソコンのバッテリー等で利用されている「充電用の電池」である。上記のとおり処理の工程では破砕機にかけるが、破砕機のカッターが充電用の電池に圧力をかけるようになり、電池から出火してしまう。しかもすぐには出火せず徐々に煙を出して燃えていく。以前、破砕機の中で電池が出火してしまい、1日がかりで水に漬けて鎮火させた。分別処理が終わってトラックに積んだ後に出火すると、車両火災となる恐れもある。最近は産業廃棄物の分別が進められ、排出事業者の方でもかなり仕分けされるようになったが、排出事業者は破砕不適物を巧みに隠して排出するケースもある。家庭ごみと同様に産業廃棄物についても、ルールに基づいた排出が徹底されなければ、処理する現場にかなりの負担が強いられる。排出者のモラルが問われる。

筆者は「京浜島リサイクルセンター」を見学させて頂いたが、当初は行政が行う収集をイメージして、この施設で仕分け作業をするよりも排出事業者側で分別して排出すれば、中間処理の手間がかからないと考えていた。しかし、もし産業廃棄物がそれぞれの種類に分別されて排出されると、それに見合った別々の収集車が必要となり、その分の人件費や機材のコストがかかる。よって産業廃棄物の収集については、現在のようにいったん街からまとめて収集した上で、産業廃棄物処理業者側で一括して分別を行う方が、効率が良いと認識した。

産業廃棄物の処理の委託手続き

先述のとおり、新宿二丁目の排出事業者は廃棄物収集運搬業者による事業系廃棄物の収集へと変更した。これに伴い相応の手続きが必要となる。

第一に、産業廃棄物処理委託契約を処理業者と締結する必要が生じる。産業廃棄物は排出事業者の責任において適正に処理されることが定められているが、処理を都道府県から許可を受けた処理業者に委託する場合は、排出事業者責任を全うするために、排出事業者は収集運搬受託者と処分受託者の2者とそれぞれに契約を締結する必要がある。そこでは、適正な委託契約を締結するために、政令で定める委託基準に従う必要がある。すなわち、書面で契約し、委託

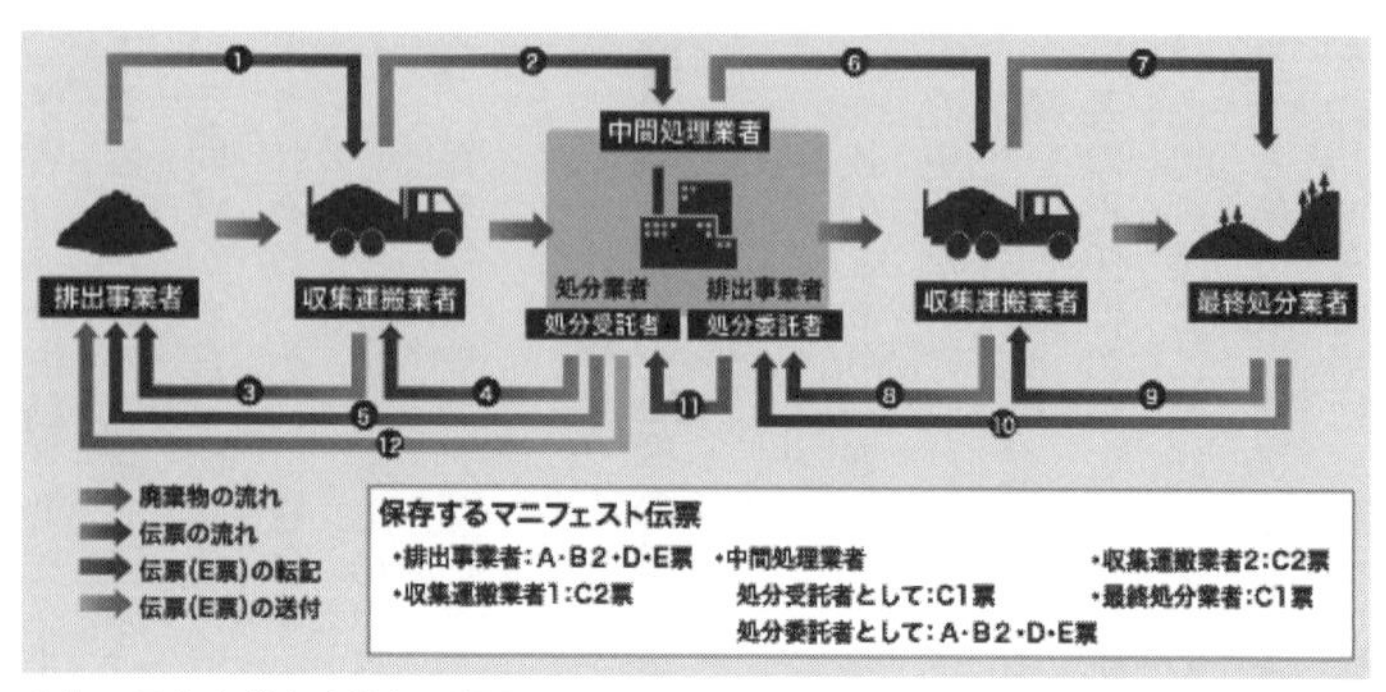

出典：日本産業廃棄物処理振興センターのHP

する産業廃棄物の種類・数量、性状や荷姿に関する情報、運搬の最終目的地の所在地、処分する場所等の必要な事項を契約書に盛り込み、産業廃棄物処理業の許可証を添付し、5年間保存することが求められる。

第二に、産業廃棄物の処理を許可業者に委託する際には、産業廃棄物管理票（以下、マニフェスト）を交付しなければならない。このマニフェストは、不法投棄を未然に防止する施策として位置づけられ、産業廃棄物処理委託契約などおりに産業廃棄物が処理業者に引き渡され、委託内容に従って適正に処理されたことを確認するための帳票類である。[59] 産業廃棄物に関する正確な情報を伝え、委託した産業廃棄物が適正に処理されたことを把握するために利用されている。紙ベースのマニフェストの場合、産業廃棄物が直接処理施設に運搬される場合に使用される7枚複写の「直行用マニフェスト」と、産業廃棄物が処分業者に引き渡されるまでに積替保管が行われる場合に使用される8枚複写の「積替用マニフェスト」の2種類がある。これらの複写の紙を送達することにより、排出事業者は、運搬終了、中間処理業者による処分終了、最終処分業者の最終処分終了を把握することができ、収集運搬業者は中間処理業者の処分終了を把握することができる。[60]

マニフェストは、１９９０年、当時の厚生省（現厚生労働省、現在は環境省へ移管）の行政指導により始められた制度であり、１９９３年からは爆発性、毒性、感染性、その他人の健康や生活環境に被害を及ぼす可能性のある特別管理産業廃棄物の処理を他人に委託する場合にマニフェストの使用が義務づけられた。１９９８年からは、マニフェストの適用範囲が全ての廃棄物に拡大され、従来の複写式伝票（紙マニフェスト）に加えて、電子情報を活用する電子マニフェスト制度（後述）も導入された。また、２００１年には、産業廃棄物に関する排出事業者責任が強化され、マニフェストにおいて中間処理を行った後の最終処分の確認が義務づけられた。近年では、２０１８年にマニフェストの虚偽記載等に関する罰則が強化され、２０２０年には特別管理産業廃棄物多量排出事業者に電子マニフェストの使用が義務づけられている。

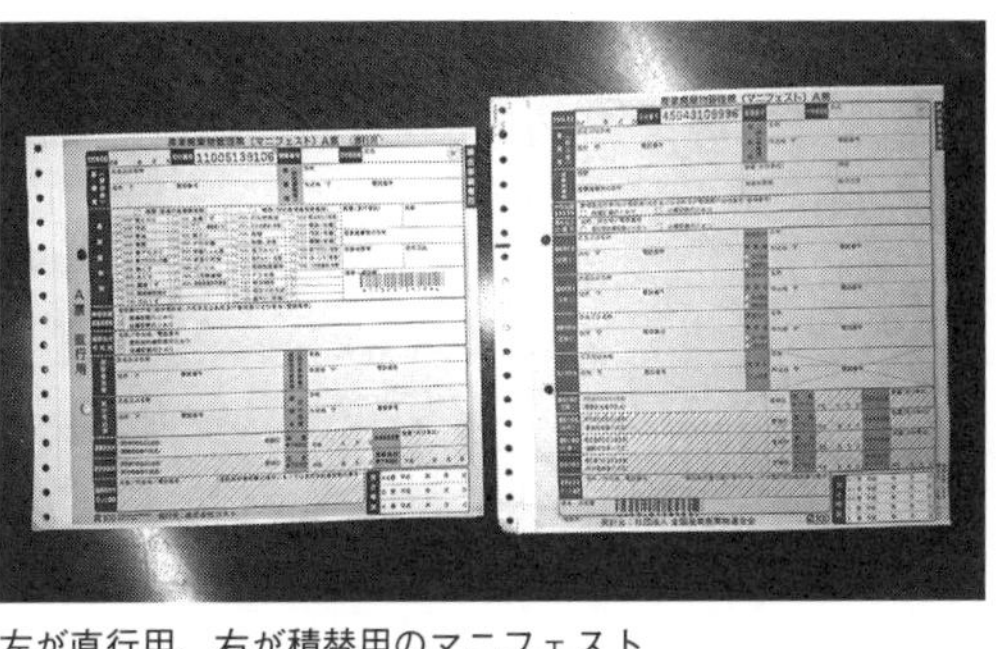
左が直行用、右が積替用のマニフェスト

電子マニフェスト

紙マニフェストには、排出事業者に、運搬終了、中間処理業者による処分終了、最終処分業者による最終処分終了を把握させる役割があり、それぞれの伝票が排出事業者に送達されていくようになっている。そのため、例えば白井エコセンターのような産業廃棄物収集運搬業者であれば、その事務所に戻ってくる中間処理や最終処分の終了の控えを取りまとめ、確認の上で契約する排出事業者に送付する事務作業が発生する。帳票が揃っていなければ処分場に問い合わせをする必要があり、膨大な作業量となりかなりの事務コストが生じる。このような紙ベースの作業を払拭するために導入されたのが電子マニフェスト制度である。

電子マニフェストは、マニフェスト情報を電子化して、排出事業者、収集運搬業者、処分業者が共に情報センターを介したネットワークでやり取りする仕組みである。この情報センターは、廃棄物処理法第13条の2に基づき、公益財団法人日本産業廃棄物処理振興センターが全国で1つの「情報処理センター」として指定され、電子マニフェストの運用を行っている。

電子マニフェスト導入のメリットとしては、事務処理の効率化が挙げられる。帳票がなくなるためまとめて排出事業者に送達する作業から解放され、紙マニフェストで必要となっていた

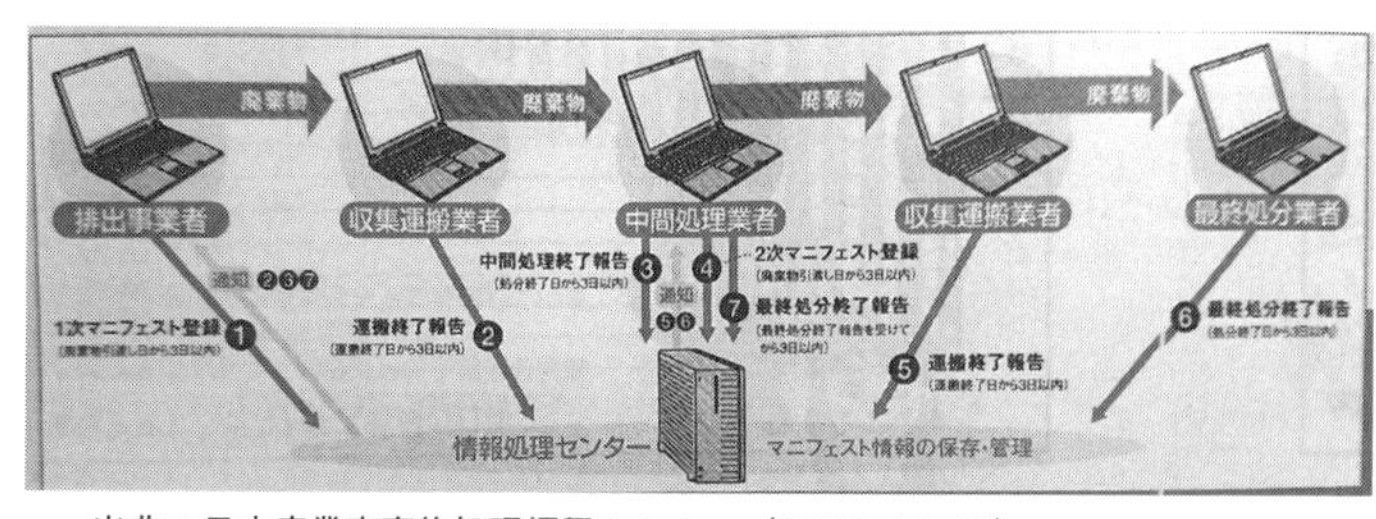

出典：日本産業廃棄物処理振興センター（2020: 16-17）

帳票の保存も不必要となる。また、システムで管理するため、必要項目の入力漏れ、運搬終了、処分終了、最終処分終了報告の有無を即時に確認でき、遅滞している手続きに対しての注意喚起も可能となる。さらに、２００８年度から、マニフェストを交付した排出事業者は、廃棄物処理法第12条の3第7項に基づき、事業場ごとに前年度1年間のマニフェスト交付等の状況（産業廃棄物の種類および排出量、マニフェストの交付枚数等）について都道府県知事等への報告が義務づけられたが、電子マニフェストを利用する場合は、日本産業廃棄物処理振興センターが都道府県知事等に報告するため、排出事業者が自ら報告する必要はなくなる。

　電子マニフェストの登録件数は、２０２０年3月〜２０２１年２月で約３２３０万件であり、電子化率は65％となっている。前年度は約２８９６万件で電子化率は58％であるので増加傾向にあるが[61]、電子マニフェストの導入には、排出事業者、収集運搬業者、処分業者の3者共がシステムを利用する必要があり、電子マニフェスト利用料金の発生、ＩＴ機器の操作への抵抗、担当者への電子マニフェストの周知徹底、紙マニフェストも利用する場合の並行した管理への負担感等が存在し、まだしばらくは紙マニフェストも残ると考えられる。しかし、マニフェストに記入される廃棄物の種類、名称、排出数量（及び単位）等のデータが正確に入力されれば、産業廃棄物の排出状況を知る有用な情報となって利活用が見込まれるため、今後も電子化の推進が期待される。

電子契約書

産業廃棄物の収集運搬における委託契約の締結においても電子化が進められている。これは、廃棄物処理法では政令に従い産業廃棄物の委託契約書などを書面として作成・保存する義務が定められているが、「民間事業者等が行う書面の保存等における情報通信の技術の利用に関する法律」（「e－文書法」）と「環境省の所管する法令に係る民間事業者等が行う書面の保存等における情報通信の技術の利用に関する法律施行規則」に基づき、委託契約書を電磁記録で運用保存することが認められているからである。

この委託契約書の電子化により、様々なメリットが生じる。

第一は、契約締結時間の短縮である。これまでの紙ベースでの委託契約の締結では、先方とのやり取り、社長か責任者の押印、郵送等の必要があり、数週間程度かかっていた。しかし電子契約ならば、インターネットを利用した情報のやり取りができ、大幅な時間短縮が可能となり、契約から実際の収集までを短期間にすることが可能となる。

第二は、事務コストの低減効果である。紙ベースの契約書には収入印紙を貼付する必要があるが、電子契約書では不要となり、経費が節減できる。また、第一とも関連するが、郵送コストや契約締結に向けた事務コストも削減できる。さらには、アプリケーションの作り込みによりヒューマンエラーを防止でき、二度手間とならないように事務を進めることができる。

第三は、第一と第二を組み合わせた効果とも言えるが、マニフェストの電子化も進めることで、小規模事業者の産業廃棄物の収集への対応が可能となる点である。23区においては、小規模事業者が産業廃棄物の処理を委託したくても、処理業者側の採算が合わず断られるケースが多く、その救済措置として区がみなし一廃、みなし産廃として、有料シールの貼付による収集を行ってきた。しかし、産業廃棄物運搬業者側でのDXの推進により、小規模事業者への対応コストが削減され、これまで採算が合わなかった事業者への収集サービスが提供できるようになった。

以上のような効果のうち第三の効果が見られたのが、第7章で扱った新宿二丁目における白井エコセンターの収集サービスの提供である。これまで民間委託のネックとなっていた契約書、マニフェスト、決済等の煩雑な諸手続きをWEB上で完結できる電子受付システムを構築し、短期間に300件以上の民間委託を実現したからである。白井エコセンターは業界の中でも積極的にＤＸを推進しているため、どのような実践がなされているかを取り上げてみたい。

産業廃棄物収集運搬業者でのＤＸの実践

白井エコセンターは、23区を中心に２０００件以上の産業廃棄物の収集運搬を行っており、それらに対応するために、ＡＩの活用や静脈プラットフォーム事業を掲げ、事業系廃棄物の収集業務のデジタルイノベーションをリードしている。原材料から商品へと加工され最終消費者へと運ばれる動脈物流ではAmazonや楽天等が成功を収めている。しかし、消費者からの返品、回収等により企業へと運ばれる返品物流、回収物流、廃棄物流といった静脈物流では、情報もモノもバラバラに流通しているため、廃棄物処理業のプラットフォームが構築できるよう、デジタル化を積極的に推進している。この白井エコセンターが取り組むＤＸの実践をいくつか紹介してみたい。

第一は、ＷＥＢを利用した契約締結の電子化と電子マニフェストへの記載情報の取得である。新宿二丁目の排出事業者が白井エコセンターの収集に切り替える際には、白井エコセンターからは、「ごみ.Tokyo」にアクセスして必要事項を記入するように案内され、排出事業者はスマートフォンにより登録を行っていた。そこで入力された情報が電子契約書に埋め込まれて契約が締結され、電子マニフェストへの登録データも同時に生成されて、電子マニフェストへの登録の流れを作り出している。これに加え、収集場所の写真の入力や必要なごみ袋の購入も「ごみ.Tokyo」で行うことにより、すぐに収集してほしいという要望にも応え、最短で3〜4営業日での回収開始を可能としている。この「ごみ.Tokyo」による電子契約書や電子マニフェストの登録への基礎データ取得が可能となることで、経費が大幅に節約され、小規模事業者の産業廃棄物の収集が可能となっている。

「ごみ. Tokyo」のHP（https://gomi.tokyo.jp/）

第二は、「AI配車システム」の導入である。区の可燃ごみ収集は地域を面的に収集するため非常に効率良く収集できるが、事業系廃棄物の収集は契約した顧客の排出場所をあたかも点を結ぶように収集車で回るため、区の収集に比べ自ずと非効率となる。また、収集ルートは配車係が経験と勘を頼りにルートを組むため、効率的かは判断がつかない。そこで「AI配車システム」を導入し、AIが効率的な収集ルートを策定するように業務を改善した。この改善により、総配車台数の10％の削減が達成された。

第三は、事業系廃棄物の収集時にドライバーが記録する収集データを管理する「車載システム」の導入である。事業系廃棄物の収集は区の収集とは相違し作業員1人で運転と収集を行う。その際に作業員は、収集したごみやその数量を運転席でタブレットに入力してデータを社内の基幹システムに送信している。そのデータを整理しマニフェスト作成や請求書発行にあたってのデータとすることで、手作業での入力事務作業を大幅に軽減している。また、事業用大規模建築物の所有者や廃棄物管理責任者等に対し、区の条例で「事業用大規模建築物における再利用計画書」の提出が求められる際には、収集データを加工して入力基本データの一部としている。

このように、白井エコセンターは事業系廃棄物の収集業務においてDXを推進し、人件費の削減、事務コストの削減、減車による物流費の削減を実現している。そして、環境負荷を低減し、排出事業者へのサービス提供価格の上昇を抑え、新たなビジネスチャンスを模索している。白井エコセンターは静脈物流のデジタル化を積極的に推進し、業界の中でも最先端のポジションに位置していると思われる。

DXの推進による新たな可能性

全国的に廃棄物処理業に携わる業者は小規模であり、従業員が4人以下の会社が半数を占める。[62]１００人を超える規模を有している会社は数パーセントであり、業界におけるＤＸがすぐには進みにくい状況にある。その中でも白井エコセンターのように顧客と接する位置でデジタル化を推進し、顧客ニーズに合った収集サービスの提供や、データを活用したリサイクルの推進を手掛けていくことで、新たな廃棄物の静脈物流が作られていく。このようなＤＸの推進による新たな産業廃棄物業界の可能性について3点挙げておきたい。

　第一は、広範囲での連携収集体制の構築である。事業系廃棄物の収集は、契約した顧客の廃棄物を収集して回る形となるが、競合他社それぞれが独自のルートで収集を行うため、同一地区に複数社の収集車が収集に訪れるようになる。これは社会全体から見れば非効率であり、各収集会社にとってはコスト増となり、その分の費用がサービス利用者に賦課されるようになる。そこで信頼のおける業者同士が連携し、いったん自らが抱える顧客をテーブルに載せ、各社の担当地区を決め、その上で効率的な収集ルートを「ＡＩ配車」に類似したシステムの利用によって考案すれば、配車台数は減少し、余った収集車での新たな展開が期待できるようになる。例えば、リサイクルの推進のため、不燃ごみの排出を細分化し、捻出された収集車でそれぞれの品目を収集して回る形が考えられる。また、繁華街から排出される廃棄物が多く、1日1度の収集では追いつかない場合は、時間間隔をあけた複数台の配車が可能となり、繁華街の美化が維持できるような状況を生み出すこともできる。この「連携収集」により、価格破壊による顧客争奪のビジネスから脱却でき、共存共栄で安定した事業系廃棄物収集運搬体制が構築される。また、連携収集は、災害が発生して収集ができない場合やクラスターの発生で配車が一部できない状況をカバーでき、ＢＣＰ（Business Continuity Plan：事業継続計画）対策としても有用となる。なお、この連携収集にはそれぞれの会社との契約書が必要となるが、「じみ.Tokyo」のようなＷＥＢによる電子契約書作成システムを利用して、それぞれの業者との間で契約が締結できるようにすれば、容易に手続きを完結させることができる。

第二は、収集時に蓄積する排出データを活用したリサイクルの推進である。現在、ブロックチェーンやＩＣチップによる読み込みシステムの開発が研究されている。これが完成すれば、作業員が収集車に廃棄物を積み込めば、自動的に排出情報がデータとして蓄積されるようになる。さらに排出する廃棄物を細分化させていけば、より詳細に排出情報を取得できるようになる。このような仕組みを活用すれば、一例として、繁華街の全ての排出者が同一システムを利用してデータを蓄積していくことで、蓄積されたデータを利用して、リサイクル目標への到達度の把握等が可能となる。これにより「リサイクルを推進する繁華街」といった新たな付加価値を発信しイメージの向上を狙うこともできる。

第三は、デジタル技術を利用したトレーサビリティシステムの構築である。本章で事例として取り上げた新宿二丁目で廃棄物収集運搬業者が収集した廃棄物は適正に処理されていたが、あいにく業者の中には、委託を受けた廃棄物を不法投棄したり、転売する等して、不適正に処理する業者もある。それを回避するためにマニフェスト制度が導入されているが、記入や入力が人の手を介してなされるため不正を行う余地があり、適正処理の監視には限界がある。そこで排出から処分までの流れを人の手を介さずデジタル的に把握し、適正な処理がなされたことを客観的に証明するトレーサビリティシステムの構築が考えられる。これは第二で述べた収集時の排出者情報の取得と関連するが、収集した廃棄物の情報を処分業者側と共有することで、収集から処分までのトレーサビリティシステムの構築が可能となる。産業廃棄物の排出者は自らの廃棄物に責任を持つことになるため、その責任を全うするためにも、廃棄物処理業者が適正に処理したエビデンスを客観的に確認できるシステムは有用である。

以上3点、今後の可能性について述べてきたが、現在の産業廃棄物業界のデジタル化は、どちらかと言えば日々の業務改善が目的になっているような感があり、DXが意味するところの業界のビジネスモデルの変革や、デジタル技術を利用した資源循環社会の構築を描く方向性を、業界の多くの業者がまだ展望できていないように思える。今後は、申請書や報告書の提出において行政との接点があるため、受け口となる行政側も同時にデジタル化を推進していかなければ廃棄物業界全体のDXは進展しないであろう。産業廃棄物業界のDXがどのように進み、どのような静脈物流となっていくのか、今後の展開を注意して観察していきたい。

【注】

56 経済産業省の「デジタルトランスフォーメーションを推進するためのガイドライン（DX推進ガイドライン）」によると、「企業がビジネス環境の激しい変化に対応し、データとデジタル技術を活用して、顧客や社会のニーズを基に、製品やサービス、ビジネスモデルを変革するとともに、業務そのものや、組織、プロセス、企業文化・風土を変革し、競争上の優位性を確立すること」と定義されている。

57 詳しくは品川運輸のHPを確認されたい。
https://www.shinagawa-unyu.co.jp/

58 Refuse derived paper and plastics densified Fuel の略称。産業廃棄物のうち、マテリアルリサイクルが困難な古紙及びプラスチック類を主原料とした高品位の固形燃料のこと。

59 排出事業者は、マニフェストの交付後90日以内（特別管理産業廃棄物の場合は60日以内）に、委託した産業廃棄物の中間処理が終了したことをマニフェストで確認する必要がある。また、中間処理を経由して最終処分される場合は、マニフェスト交付後１８０日以内に最終処分の終了を確認する必要がある。

60 なお、一般廃棄物については、①事業系一般廃棄物を1日平均１００kg以上（月平均３ｔ以上）排出する事業者、②事業系一般廃棄物を臨時に排出する事業者、から排出される廃棄物を指定処理施設（23区の場合は清掃工場または中防処理施設）へ持ち込む場合は、マニフェストの作成が義務づけられている。この排出事業者を「マニフェスト適用対象事業者」と言い、排出場所を所管する清掃事務所へマニフェスト適用対象事業者届を提出する必要がある。

61 日本産業廃棄物処理振興センター（ＪＷセンター）のＨＰ「登録件数・電子化率」

https://www.jwnet.or.jp/jwnet/about/regist/index.html

62　環境省（2012: 35）

おわりに

　これまで本書では、奥の深い清掃事業について、その入口からもう一歩中に踏み込み、幅広く清掃事業を描き、体系的に全体像を把握できるように述べてきた。これができたのは、前著がきっかけとなり多くの清掃事業従事者の方々と出会うことができ、それぞれの方から様々な情報を提供して頂けたおかげである。本書で扱ったテーマは筆者の研究の幅を広げていくきっかけとなるものであり、引き続き対象を掘り下げてみようと思っている。

　本書の執筆にあたり一点心残りであるのが、今後の東京の清掃事業のあり方を清掃事業の区移管の過程を具(つぶさ)に調査しながら述べていきたく思っていたのだが、膨大な作業量となるため今回は断念せざるを得なかったことである。元東京清掃労働組合11代中央執行委員長の星野良明氏からは貴重な資料の提供を受けていたが、今後じっくりとそれらの資料を精査し、これからのあるべき清掃行政について展望していきたく思っている。

今般のコロナウイルスの蔓延（まんえん）により、清掃従事者は医療・福祉関係者等とともに、エッセンシャル・ワーカーであると言われ始め、世間的に注目されるようになった。とりわけ緊急事態宣言中のごみ収集については、その危険性が広く報道されたため、感謝状がごみ袋に貼られる等、住民からの感謝の意が伝えられるようになり、これまで日陰であった清掃事業は一躍表舞台に現れるようになった。しかし、コロナ禍が長引くにつれ、エッセンシャル・ワーカーという言葉は影を潜めるようになり、ワクチン接種が行き渡り「コロナ禍を乗り越えた」と言われるようになる頃には忘れ去られているような感がある。コロナ禍で清掃従事者にスポットライトが当たることで、私たちにとって必要不可欠な清掃行政の今後への議論が深まっていくと思っていたが、どうもそのようにならぬまま、アフターコロナの時期になっていくと思えてならない。本書の中で述べた内容をもとに、清掃サービスのあり方や提供体制についての議論が深まっていくことを願っている。特にこれまで自治体は行政改革による効率化を追求してきたが、それは民意を反映した結果でもある。想定外の事態を想定した清掃サービスの提供体制を考え、民意として業務執行体制の強化を求めていく流れが生まれることを願っている。

また、２０２０年4月の第一回目の緊急事態宣言期に、巣ごもり生活により家庭から大量にごみが排出され正月並みのごみ量になっていたが、その際に「ごみの減量」がそれほど論じられぬまま、アフターコロナの時期を迎えようとしているとも思える。ごみ量増加の背景には、大量生産・大量消費・大量廃棄といった社会経済システムが存在するが、そのあり方が大きな問題とならずに、多くの企業は依然として廃棄物の分別や収集までを視野に入れず、これまでどおりの生産活動を続けている様相を呈している。近年「ＳＤＧｓ」が至る所で聞かれるようになってきているが、環境保全型社会の実現へ向けて「適量生産・適量消費・最小廃棄」といった持続可能な循環型社会へと経済社会のシステムを造り替えていく方向性に舵取りがなされていくよう、生産者の意識が高まっていくことを願っている。そのためには消費者が、例えば食品であれば見栄えや過剰な品質へのこだわりを捨ててプラスチックの過剰包装をなくしていく等、ある程度の不便さを受け入れる心構えとなり、廃棄サイクルまでを見据えた消費生活を実践していくことが求められる。

ところで、筆者は師である故・今川晃（いまがわあきら）先生がおっしゃっていた「実践から構築する理論」「人情味のある視座」を継承し、自身の研究スタンスとして研究対象にアプローチしている。このような研究スタンスが可能となるのは、地方自治体が参与観察の機会を提供して下さるからである。実際に受け入れるには、一定の準備や受け入れ体制の構築が必要であり、筆者が事故を起こしてしまうリスクも想定しておく必要もある。さらには、見られたくない現状を見られてしまうため、波風が立たぬよう理由をつけて穏便に断ってくるケースがほとんどである。それにもかかわらず、コロナ禍の中でも、今回の執筆のために東京都北区や新宿区が研究の場を提供して下さり、筆者の研究をご支援頂けた。この場を借りて心より感謝の意を表したい。また、そのための道筋を作って頂けた東京清掃労働組合の皆様にも感謝の意を表したい。

今回の執筆に際しての調査で大変残念であったのが、東京都北区の滝野川庁舎の皆さんと親睦を深めることが十分にできなかった点である。コロナのため仕事が終わってからの在宅勤務が始まり、飲み会等を開催することができず、一日の業務が終われば直ぐに家路につかざるを得なかった状況が影響している。一緒に清掃車に乗務させて頂いた清掃職員の方々とは懇意になれたものの、それ以外の方とは特に話す機会に恵まれず、なかなか清掃職員の皆さんと本音で語り合える仲にはなれなかったことが悔やまれる。コロナが収束するのか先が読めないが、乗り越えられた時に再度滝野川庁舎の皆さんと一緒に業務をさせて頂き交流ができればと思っている。

前著では、コモンズ社の大江正章（ただあき）氏が出版の機会を与えて下さり、膨大な原稿を整理・編集して頂き、出版への道筋をつけて頂けた。そのおかげで現在の筆者があるといっても過言ではない。筆者としては、本書はその続編という位置づけであり、大江氏に手渡しご報告したいところであるが、２０２０年12月に逝去された。前著出版後の２０１８年６月に、大江氏の師である早稲田大学の故寄本勝美先生のお墓に一緒にお参りし、ご報告させて頂いた思い出がある。時機を見て、寄本勝美先生と大江氏のお墓にお参りし、本書の出版をご報告させて頂きたく思っている。

本書が出版へと至ったのは、朝日新聞出版の大﨑俊明氏よりお話を頂いたからである。２０１９年の在外研究中に出版の話を頂いたため、帰国してから執筆に取り掛かるようにさせて頂いたが、コロナウイルスの感染拡大の影響により調査活動が思うように進まず、また、大学の授業がオンラインに切り替わったためその準備に忙殺されるようになり、さらにはコロナと清掃に関する様々な原稿執筆依頼を頂くようになり、当初の予定からは執筆がかなり遅れてしまった。それにもかかわらずいつも柔軟に対応して頂け、何とか今回の出版へと至ることができた。筆者ごときが朝日新聞出版から朝日選書として出版でき大変光栄である。この場を借りてお礼を述べたい。

最後に、私事ではあるが、筆者に多くの研究時間を与えてくれている妻と娘に感謝し、お礼の言葉とともに本書を手渡したい。

2021年7月　藤井誠一郎

初出一覧

第1章　書き下ろし

第2章　書き下ろし

第3章　初出は「これまでの地方行革」（山谷清志・藤井誠一郎編著『地域を支えるエッセンシャル・ワーク』ぎょうせい、2021年4月）であり、その一部を転載している。それに「街を知る清掃職員の活用」（『都政新報　自治体政策のススメ　収集車から見た23区の清掃②』、2020年）も加え東京都北区の事例を含めて大幅に加筆している。

第4章　初出は「緊急事態宣言下での大都市清掃とパンデミック後のあり方」（『現代思想 vol.48-10』青土社、2020年8月）であり、その一部を転載しながら大幅に加筆している。

第5章　初出は「コロナ禍でのごみ収集作業への市民の感謝が意味すること: 清掃職員と市民との社会的つながり」（大原記念労働科学研究所編『労働の科学』Vol.75, No.9、2020年9月）であり、その一部を転載しているが大幅に加筆している。

第6章　書き下ろし

第7章　書き下ろし

第8章　書き下ろし

参考文献

第1章

東京二十三区清掃一部事務組合『ごみれぽ23　2021　環境型社会の形成に向けて』、2020年。

東京都北区生活環境部「安全作業手順（収集・運搬部門）」、2001年。

東京都北区生活環境部リサイクル清掃課『北区一般廃棄物処理基本計画2020』、2020年。

（新聞記事）

都政新報「北区ごみ船舶中継所　来年度末に休止へ　9割資源化で車両を抑制」、2017年7月25日。

第2章

東京都北区生活環境部リサイクル清掃課「北区の家庭ごみ・資源の分け方出し方」、2020年。

第3章

大藪俊志「地方行政改革の諸相―自治体行政改革の課題と方向性―」『佛教大学総合研究所紀要』21号（佛教大学総合研究所）、2014年、121-140頁。

片木淳・藤井浩司編著『自治体経営学入門』一藝社、2012年。

金井利之『実践自治体行政学　自治基本条例・総合計画・行政改革・行政評価』第一法規、2010年。

上林陽治『非正規公務員の現在―進化する格差―』日本評論社、2015年。

新藤宗幸『行政責任を考える』東京大学出版会、2019年。

自治省「地方公共団体における行政改革推進の方針（地方行革大綱）について」『自治研究　第61巻第3号』良書普及会、1985年、147-151頁。

自治省「地方公共団体における行政改革推進のための指針について」東京市政調査会編『都市問題』第87巻第3号、1996年、49-55頁。

自治事務次官通知「地方自治・新時代に対応した地方公共団体の行政改革推進のための指針の策定について」地方自治制度研究会編『地方自治』第601号、ぎょうせい、1997年、108-117頁。

全日本自治団体労働組合現業評議会『新版　現業労働者の権利と職場の活性

化』自治労出版センター、2011年。

総務省「地方公共団体における行政改革の推進のための新たな指針」、2005年。

総務省「地方公共団体における行政改革の更なる推進のための指針」、2006年。

総務省「地方行政サービス改革の推進に関する留意事項」、2015年。

総務省自治行政局公務員部給与能率推進室「地方公共団体定員管理調査結果」、2005-2021年。

田中一昭『行政改革』ぎょうせい、1996年。

田中一昭『行政改革〈新版〉』ぎょうせい、2006年。

田中啓「日本の自治体の行政改革」政策研究大学院大学比較地方自治研究センター・分野別自治制度及びその運用に関する説明資料No.18、2010年。

地方公務員定員問題研究会『分権時代の地方公務員定員管理マニュアル』ぎょうせい、2003年。

東京都北区「北区経営改革プラン」、2005年。

東京都北区「北区経営改革プラン（平成19年度修正版）」、2007年。

東京都北区「北区経営改革『新5か年プラン』」、2010年。

東京都北区「北区経営改革『新5か年プラン』改定版」、2011年。

東京都北区「北区経営改革プラン2015」、2015年。

東京都北区「北区経営改革プラン2020」『北区基本計画2020』、2020年、341-352頁。

東京都北区「北区経営改革プラン2020（令和2年度～6年度）年度別計画」、2020年。

東京都北区『北区一般廃棄物処理基本計画2020』、2020年。

東京都北区資源循環推進審議会「東京都北区資源循環推進審議会議事録」第1回～第6回、2018-2019年。

東京都北区資源循環推進審議会「今後のリサイクル清掃事業のあり方について　答申」2019年。

中村祐司「民間委託の歴史・現状・課題」外山公美・平石正美・中村祐司・西村弥・五味太始・古坂正人・石見豊『日本の公共経営』北樹出版、2014年、43-57頁。

西尾勝『行政の活動』有斐閣、2000年。

西村美香「地方公務員の定数管理についての一考察」、総務省自治行政局公務員課編『地方公務員月報』(2012年3月号)、2012年、2-17頁。

西村美香「転換期を迎えた地方公務員の定員管理」、総務省自治行政局公務員課編『地方公務員月報』(2018年3月号)、2018年、2-25頁。

早川進「地方行政改革における定員管理」国立国会図書館調査及び立法考査局編『調査と情報』(532)、2006年、1-10頁。

藤井誠一郎『ごみ収集という仕事―清掃車に乗って考えた地方自治―』コモンズ、2018年。

藤井誠一郎「『技能労務職員の定員管理の適正化』の適正化―東京23区の清掃職員を事例として―」行政管理研究センター編『季刊行政管理研究』No.164、2018年、3-19頁。

藤井誠一郎「清掃事業の委託化政策」焦従勉・藤井誠一郎編『政策と地域』ミネルヴァ書房、2020年、143-168頁。

藤井誠一郎「街を知る清掃職員の活用」『都政新報　自治体政策のススメ　収集車から見た23区の清掃②』都政新報社、2020年。

藤井誠一郎「これまでの地方行革」山谷清志・藤井誠一郎編著『地域を支えるエッセンシャル・ワーク』ぎょうせい、2021年、19-37頁。

前田健太郎『市民を雇わない国家―日本が公務員の少ない国へと至った道―』東京大学出版会、2014年。

松下圭一編著『職員参加』学陽書房、1980年。

松下圭一編『自治体の先端行政　現場からの政策開発』学陽書房、1986年。

松本英昭「地方の行財政改革」堀江教授記念論文集編集委員会編『行政改革・地方分権・規制緩和の座標―堀江湛教授記念論文集―』ぎょうせい、1997年、194-215頁。

真山達志「ローカル・ガバナンスにおける現業労働」『月刊自治研』2008年7月号、24-32頁。

三橋良士明「分権改革の中の行政民間化」三橋良士明・榊原秀訓編著『行政民間化の公共性分析』日本評論社、2006年、2-22頁。

宮﨑伸光「公共サービスの民間委託」今村都南雄編著『公共サービスと民間委託』敬文堂、1997年、47-86頁。

湯浅孝康「地方自治体における臨時・非常勤職員の制度改正―事前評価を通じたデザインと理論の重要性―」日本評価学会編『日本評価研究』第19巻第1号、2019年、19-34頁。

寄本勝美『「現場の思想」と地方自治―清掃労働から考える―』学陽書房、1981年。

寄本勝美編著『現代のごみ問題(行政編)』中央法規出版、1982年。

寄本勝美『自治の現場と「参加」』学陽書房、1989年。

第4章

石橋章市朗・佐野亘・土山希美枝・南島和久『公共政策学』ミネルヴァ書房、2018年。

片木淳・藤井浩司編著『自治体経営学入門』一藝社、2012年。

金井利之『実践自治体行政学』第一法規、2010年。

神戸市環境局「神戸市の廃棄物収集・処理分野における新型コロナウイルス感染症への対応について」全国都市清掃会議『都市清掃』、2020年、53-57頁。

東京二十三区清掃一部事務組合「ごみれぽ23　2021」、2020年。

藤井誠一郎『ごみ収集という仕事―清掃車に乗って考えた地方自治―』コモンズ、2018年。

藤井誠一郎「『技能労務職員の定員管理の適正化』の適正化―東京23区の清掃職員を事例として―」行政管理研究センター編『季刊行政管理研究』No.164、2018年、3-19頁。

藤井誠一郎「緊急事態宣言下での大都市清掃とパンデミック後のあり方」『現代思想 vol.48-10』青土社、2020年、8-16頁。

藤井誠一郎「コロナ禍と豪雨災害から見える清掃行政の今」『月刊ガバナンス 9 月号』No.233、ぎょうせい、2020年、42-44頁。

藤井誠一郎「これまでの地方行革」山谷清志・藤井誠一郎編著『地域を支えるエッセンシャル・ワーク』ぎょうせい、2021年、19-37頁。


（新聞記事）


東京新聞「ごみ捨てルール厳密に　収集員 高まる感染リスク」、2020年4月25日。

都政新報「都政の東西　ライフラインを守る」、2020年4月28日。

日本経済新聞「巣ごもり、家庭ごみ増える」、2020年5月13日。

毎日新聞「ゴミ収集、感染リスク直面」、2020年4月27日。

読売新聞「ごみ出しに気遣い」、2020年4月26日。


（ヒアリング先）

新宿区新宿清掃事務所
東京清掃労働組合

神戸市従業員労働組合環境支部

第5章

井沢泰樹「職業的周縁的位置におかれる人々の尊厳と承認をめぐって―清掃労働者との交流授業、その成果と課題―」『東洋大学社会学部紀要』49巻1号、2012年、39-56頁。

坂本信一『ゴミにまみれて』筑摩書房、2000年。

東京清掃労働組合「2006年度身分移管に向けて」、2004年。

東京清掃労働組合 清掃・人権交流会編『清掃・人権交流会　第20回総会報告資料集』2018年。

東京清掃労働組合 清掃・人権交流会編『清掃・人権交流会　第21回総会報告資料集』2019年。

東京清掃労働組合 清掃・人権交流会編『清掃・人権交流会　第22回総会報告資料集』2020年。

東京都『東京都清掃事業百年史』東京都環境整備公社、2000年。

藤井誠一郎『ごみ収集という仕事―清掃車に乗って考えた地方自治―』コモンズ、2018年。

藤井誠一郎「コロナ禍でのごみ収集作業への市民の感謝が意味すること：清掃職員と市民との社会的つながり」大原記念労働科学研究所編『労働の科学』Vol.75, No.9、2020年、36-40頁。


（ヒアリング先）

押田五郎氏、2019年3月11日、2020年9月21日。

第6章

藤井誠一郎『ごみ収集という仕事―清掃車に乗って考えた地方自治―』コモンズ、2018年。

藤井誠一郎「街を知る清掃職員の活用」『都政新報　自治体政策のススメ収集車から見た23区の清掃②』、2020年。

寄本勝美編著『現代のごみ問題（行政編）』中央法規出版、1982年。


（新聞記事）

産経新聞「京都のごみ収集や消防　体力と技術努力で信頼」、2016年7月4日夕刊。

朝日新聞「『さくら』咲く ごみ収集」、2017年12月5日。


（ヒアリング先）

勝亦若菜氏、2020年9月22日、2021年3月10日。

高橋正幸氏、2021年3月4日、10日。

第7章

今川晃・馬場健編著『新訂版　市民のための地方自治入門』実務教育出版、2009年。

今川晃「新たな地域政策ビジョン」今川晃・山口道昭・新川達郎編著『地域力を高める　これからの協働―ファシリテータ育成テキスト―』第一法規、2005年、1-8頁。

大田区環境清掃部「特区民泊事業を予定されている事業者の皆様へ（リーフレット）」、2016年。

蟹江憲史『SDGs（持続可能な開発目標）』中央公論新社、2020年。

東京二十三区清掃一部事務組合「ごみれぽ23　2021」、2020年。

東京都『東京都清掃事業百年史』東京都環境整備公社、2000年。

伏見憲明『新宿二丁目』新潮社、2019年。

藤井誠一郎「地域公共人材の育成と今後の展望」『同志社政策科学研究』（同志社大学政策学会）第18巻（第1号）、2017年、1-14頁。

藤井誠一郎『ごみ収集という仕事―清掃車に乗って考えた地方自治―』コモンズ、2018年。

藤井誠一郎「各区の独自性と23区の統一性」（清掃車から見た23区の清掃③）『都政新報』、2020年6月23日。

藤井誠一郎「政策の展開と自治の基盤」焦従勉・藤井誠一郎編著『政策と地域』ミネルヴァ書房、2020年、217-228頁。

寄本勝美編著『現代のごみ問題（行政編）』中央法規出版、1982年。

寄本勝美『自治の現場と「参加」』学陽書房、1989年。

寄本勝美『ごみとリサイクル』岩波書店、1990年。

寄本勝美編著『公共を支える民』コモンズ、2001年。

寄本勝美『リサイクル政策の形成と市民参加』有斐閣、2009年。

寄本勝美・小原隆治編『新しい公共と自治の現場』コモンズ、2011年。

（新聞記事）
東京新聞 「新宿2丁目の挑戦　色付き袋導入　毎日回収」、2021年2月24日夕刊。

（参照WEB）
東京都中野区のHP 「事業系廃棄物収集届出制度」
https://www.city.tokyo-nakano.lg.jp/dept/473000/d022586.html
フタミ商事のHP
https://www.futami23.jp/
Letibee LifeのHP 「新宿二丁目が存続の危機にある理由」
https://life.letibee.com/shinjuku-2chome-trash/

（ヒアリング先）

二村孝光氏、2019年1月15日。

田辺雄二氏、2020年12月16日。

第8章

石井美也紀『産業廃棄物革命　～IoT化でさらに進む産業廃棄物の世界』ダイヤモンド社、2019年。

上川路宏『産廃処理が一番わかる』技術評論社、2015年。

環境省「平成23年度産業廃棄物処理業実態調査業務報告書」、2012年。

経済産業省「デジタルトランスフォーメーションを推進するためのガイドライン（DX推進ガイドライン）」、2018年。

全国産業資源循環連合会『産業廃棄物管理票制度　マニフェストシステムがよくわかる本』、2021年。

東京二十三区清掃協議会「一般廃棄物処理業の手引」、2020年。

日本産業廃棄物処理振興センター「電子マニフェストガイドブック」2020年。

寄本勝美『ごみとリサイクル』岩波書店、1990年。

（参照WEB）
品川運輸のHP
https://www.shinagawa-unyu.co.jp/
東京二十三区清掃一部事務組合のHP
「廃棄物処理手数料について」

https://www.union.tokyo23-seisou.lg.jp/kanri/kanri/mochikomi/tesuuryou/oshirase.html

「『事業系一般廃棄物』の持込み（許可持込みと自己持込み）」

https://www.union.tokyo23-seisou.lg.jp/kanri/mochikomi/mochikomi/oshirase/mochikomi.html

日本RPF工業会のHP

「RPFとは」

http://www.jrpf.gr.jp/rpf-1

日本産業廃棄物処理振興センター（JWセンター）のHP

「産廃知識　マニフェスト制度」

https://www.jwnet.or.jp/waste/knowledge/manifest/index.html

「登録件数・電子化率」

https://www.jwnet.or.jp/jwnet/about/regist/index.html

藤井誠一郎（ふじい・せいいちろう）
1970年生まれ。大東文化大学法学部准教授。同志社大学大学院総合政策科学研究科博士後期課程修了。博士（政策科学）。同志社大学総合政策科学研究科嘱託講師、大東文化大学法学部専任講師などを経て現職。専門は地方自治、行政学、行政苦情救済。主著に『住民参加の現場と理論―鞆の浦、景観の未来―』（公人社、2013年）、『ごみ収集という仕事―清掃車に乗って考えた地方自治―』（コモンズ、2018年）、訳書に『アイルランドの地方政府―自治体ガバナンスの基本体系―』（明石書店、2020年）、共編著に『政策と地域』（ミネルヴァ書房、2020年）、『地域を支えるエッセンシャル・ワーク』（ぎょうせい、2021年）がある。

朝日選書 1023

ごみ収集とまちづくり
――清掃の現場から考える地方自治――

2021年8月25日　第1刷発行
2022年3月30日　第2刷発行

著者　藤井誠一郎

発行者　三宮博信

発行所　朝日新聞出版
〒104-8011　東京都中央区築地5-3-2
電話　03-5541-8832（編集）
　　　03-5540-7793（販売）

印刷所　大日本印刷株式会社

ISBN978-4-02-263110-7
定価はカバーに表示してあります。

落丁・乱丁の場合は弊社業務部（電話 03-5540-7800）へご連絡ください。
送料弊社負担にてお取り替えいたします。

asahi sensho

米国アウトサイダー大統領
世界を揺さぶる「異端」の政治家たち
山本章子
アイゼンハワーやトランプなど6人からアメリカを読む

96歳 元海軍兵の「遺言」
瀧本邦慶／聞き手・下地毅
一兵士が地獄を生き残るには、三度も奇跡が必要だった

文豪の朗読
朝日新聞社編
文豪のべ50名の自作朗読を現代の作家が手ほどきする

こどもを育む環境 蝕む環境
仙田満
環境建築家が半世紀考え抜いた最高の「成育環境」とは

海賊の文化史
海野弘
博覧強記の著者による、中世から現代までの海賊全史

アメリカの原爆神話と情報操作
「広島」を歪めたNYタイムズ記者とハーヴァード学長
井上泰浩
政府・軍・大学・新聞は、どう事実をねじ曲げたのか

昭和陸軍の研究 上・下
保阪正康
関係者の証言と膨大な資料から実像を描いた渾身の力作

阿修羅像のひみつ
興福寺中金堂落慶記念
興福寺監修／多川俊映 今津節生 楠井隆志 山崎隆之 矢野健一郎 杉山淳司 小滝ちひろ
X線CTスキャンの画像解析でわかった、驚きの真実

asahi sensho

アフリカからアジアへ
現生人類はどう拡散したか
西秋良宏編
どうして、ホモ・サピエンスだけが生き残ったのか

吉田茂
戦後日本の設計者
保阪正康
戦後最大の宰相の功罪に鋭く迫った大作

漱石と鉄道
牧村健一郎
鉄道を通じて何を語ったか。汽車旅の足跡をたどる

悪党・ヤクザ・ナショナリスト
近代日本の暴力政治
エイコ・マルコ・シナワ／藤田美菜子訳
暴力と民主主義は、絡み合いながら共存してきた

朝日新聞の慰安婦報道と裁判
北野隆一
問題の本質は何か、克明な記録をもとに徹底検証する

新・カウンセリングの話
平木典子
第一人者によるロングセラー入門書の最新改訂版

海から読み解く日本古代史
太平洋の海上交通
近江俊秀
海人の足取りを復元し、古代太平洋航路の謎を解く

新危機の20年
プーチン政治史
下斗米伸夫
ファシストなのか？　ドストエフスキー的人物なのか？